U0198943

吴怀静◎著

新时期城乡规划
教育转型发展研究

Research on the Transformation and Development of
Urban and Rural Planning Education in the New Period

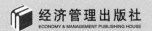

经济管理出版社
ECONOMY & MANAGEMENT PUBLISHING HOUSE

图书在版编目（CIP）数据

新时期城乡规划教育转型发展研究／吴怀静著．—北京：经济管理出版社，2019.11
ISBN 978-7-5096-0985-9

Ⅰ．①新…　Ⅱ．①吴…　Ⅲ．①城乡规划—教学研究—高等学校　Ⅳ．①TU98

中国版本图书馆 CIP 数据核字（2019）第 245865 号

组稿编辑：丁慧敏
责任编辑：丁慧敏　张广花　韩　峰　乔倩颖
责任印制：黄章平
责任校对：王淑卿

出版发行：经济管理出版社
　　　　　（北京市海淀区北蜂窝 8 号中雅大厦 A 座 11 层　100038）
网　　址：www. E-mp. com. cn
电　　话：(010) 51915602
印　　刷：北京晨旭印刷厂
经　　销：新华书店
开　　本：720mm×1000mm /16
印　　张：14
字　　数：230 千字
版　　次：2019 年 11 月第 1 版　　2019 年 11 月第 1 次印刷
书　　号：ISBN 978-7-5096-0985-9
定　　价：59. 00 元

前　言

　　2018 年 6 月 21 日，教育部召开新时代全国高等学校本科教育工作会议。会议强调，要深入学习贯彻习近平新时代中国特色社会主义思想和党的十九大精神，全面贯彻落实习近平总书记重要讲话精神，坚持"以本为本"，推进"四个回归"，加快建设高水平本科教育，全面提高人才培养能力，造就堪当民族复兴大任的时代新人。

　　目前，高等学校人才培养工程进入质量提升的升级阶段，城乡规划专业也正在规划变革时期。一方面，规划本身的作用、机制在变革；另一方面，高等教育的内涵和知识结构也在发生变革。在全国高等学校本科教育工作跨入新时代的背景下，推动城乡规划高等教育事业改革发展，走内涵式发展道路是我国城乡规划教育专业的必由之路。本书结合当前大数据视角和人才工程质量提升的时代背景，从理论和实践两个方面对城乡规划专业转型发展和应对做了较为详细的阐述和深刻研究。本书立足河南省地方院校，其主要内容涉及以下几方面，即目前全国国土空间规划和教育内涵发展的大背景，工科院校的城乡规划特色建设研究，城乡规划创新人才培养教学体系研究，大数据技术和模型分析在规划教学中的应用，城市规划专业在实践教学环节中的创新研究，以及城乡规划教学改革案例分析、设计类课程教学方法等，最后结合了虚拟现实信息化实验室建设在规划中的应用典型案例，为地方高等学校城乡规划教育提供参考，力争为高等学院城乡规划教育发展提供方向，为实现高等学校应用型人才培养提供引导。

　　本书共分为八章，从理论和实践两个方面对河南省地方高等学校城乡规划教育转型发展进行思考。第一章为绪论；第二章为专业评估导向下的特色建设研究；第三章为人才培养体系创新研究；第四章为模型和大数据在规划教学中的运用；第五章为实践教学环节创新研究；第六章为设计课程教学方法研究；第七章为城乡规划信息化实验平台建设；第八章为总结和展望。

本书在撰写过程中得到了许多专家、学者和同仁的帮助和支持，在此对他们表示深深的感谢。感谢华北水利水电大学建筑学院城乡规划教研室全体同仁的帮助。另外，感谢华北水利水电大学教改项目"模型分析及大数据技术在规划教学中的应用"、"基于'专业评估'导向下的城乡规划特色专业建设研究"、"基于虚拟现实空间体验的设计课程教学改革中原实践基地"，教育部高等教育司项目"基于 MARS 平台虚拟空间体验的'住区规划设计'课程教学改革研究"的支持，非常感谢课题组人员资料和数据的分享。由于笔者水平有限，时间比较仓促，书中难免会出现不足与疏漏之处，恳请各位同行、专家批评指正，提出宝贵意见，以便笔者在日后修改完善，以飨读者。

吴怀静

2019 年 4 月

目　录

第一章　绪论 1/

第一节　研究背景　1/

第二节　研究目的与意义　4/

第三节　研究思路与框架　5/

第四节　研究内容　6/

第五节　主要研究方法　8/

第六节　研究的技术路径　9/

第七节　国内外研究进展　10/

第二章　专业评估导向下的特色建设研究 19/

第一节　专业建设背景　19/

第二节　城乡规划专业现状与问题分析　21/

第三节　专业特色建设构建　28/

第四节　城乡规划特色建设改革方向　38/

第三章　人才培养体系创新研究 42/

第一节　研究背景　42/

第二节　城乡规划培养目标和培养规格　44/

第三节　城乡规划创新人才培养教学体系的建构　47/

第四节　创新人才培养教学体系的实施策略　54/

第五节　人才培养专业特色凝练　59/

第六节　教学质量保障　62/

第四章　模型和大数据在规划教学中的运用　64/

第一节　研究的目的与意义　64/

第二节　新时代的挑战和机遇　65/

第三节　研究的必要性　66/

第四节　模型在规划应用中的专题研究　69/

第五节　"亭"系列实践案例分析——振翅而飞的雄鹰　73/

第六节　人居环境模型制作实践案例分析　87/

第七节　信息技术在规划中的应用　89/

第八节　项目创新与研究展望　114/

第五章　实践教学环节创新研究　116/

第一节　宏观大背景　116/

第二节　实践教学改革的内容　119/

第三节　教学改革实践效果　130/

第六章　设计课程教学方法研究　137/

第一节　城乡规划设计课程体系　137/

第二节　城乡规划设计和教学方法　142/

第三节　"城乡规划概论"的教学改革的方法　149/

第七章　城乡规划信息化实验平台建设　154/

第一节　开放实验室发展现有条件分析　154/

第二节　架构内容　157/

第三节　开放平台教学实验室建设总体思路　171/

第八章　总结和展望 174/

第一节　大数据时代与城乡规划学科的教学改革　174/

第二节　城乡规划的学科发展研究　175/

第三节　城乡规划学科职业范围分析　177/

第四节　城乡规划专业本科培养目标分析　180/

第五节　新形势下高校城乡规划专业本科教学内容优化探讨　181/

第六节　结　语　183/

参考文献　184/

附录Ⅰ　187/

附录Ⅱ　195/

附录Ⅲ　209/

致　谢　214/

第一章 绪 论

第一节 研究背景

2018 年 6 月 21 日，教育部在四川成都召开新时代全国高等学校本科教育工作会议。会议强调，要深入学习贯彻习近平新时代中国特色社会主义思想和党的十九大精神，全面贯彻落实习近平总书记于 5 月 2 日在北京大学师生座谈会上重要讲话精神，坚持"以本为本"，推进"四个回归"，加快建设高水平本科教育、全面提高人才培养能力，造就堪当民族复兴大任的时代新人。教育部党组书记、部长陈宝生出席会议并讲话。

陈宝生指出，高教大计、本科为本，本科不牢、地动山摇。人才培养是大学的本质职能，本科教育是大学的根和本，在高等教育中是具有战略地位的教育，是纲举目张的教育。高等教育战线要树立"不抓本科教育的高校不是合格的高校""不重视本科教育的校长不是合格的校长""不参与本科教育的教授不是合格的教授"的理念，坚持"以本为本"，把本科教育放在人才培养的核心地位、教育教学的基础地位、新时代教育发展的前沿地位。

陈宝生指出，需要写好"奋进之笔"，建设高水平本科教育，要推动重点领域、关键环节改革不断取得突破。一是内涵发展更深一些。要着力提升专业建设水平，推进课程内容更新，推动课堂革命，建好质量文化。二是领跑发展更快一些。要加强新工科建设，加强医学教育、农林教育、文科教育创新发展，持续深化创新创业教育，努力建设一批新时代中国特色社会主义标杆大学。三是公平发展更实一些。要补齐区域发展短板，充分发挥高等教育集群发展的"集聚—溢出效应"，引领带动高等教育集群整体发展。四是"变轨超车"更坚定一些。要推动优质资源开放共享，重塑教育教学形态，紧紧抓住信息技术变革带来的历史性机遇，推动实现高等教育质量的"变轨超车"。五是创新发展更紧迫一些。要不断推动高等教育的思想创新、理念创新、方法技术创新和模式创新，更加自信地在世界舞台、国际坐标和全球格局中去谋划发展，参与竞争和治理，创建中国理念、中国标准、中国方法和中国模式，建设世界高等教育新高地。

2014 年国家颁布新型城镇化规划，2015 年中央召开城市工作会议，2016 年出台了《关于进一步加强城市规划建设管理工作的若干意见》。2017 年召开中国共产党第十九次全国代表大会，随着全面建设社会主义现代化国家新征程的开启，国家对城镇化和城乡建设的高度重视史无前例，而城乡规划建设事业的基础是专业人才的培养。2018 年 6 月 21 日，教育部召开新时代全国高等学校本科教育工作会议。以此为时代背景，规划学科和专业教育都进入了一个转折的关键时刻，如何为我国城乡建设事业培养更多高层次的专业人才成为当下的重要议题。

根据国务院机构改革方案，涉及城乡规划领域的改革主要是组建了自然资源部。自然资源部于 2018 年 4 月 10 日正式挂牌，作为统一管理山水林田湖等全民所有自然资源的部门，自然资源部将国土资源部的职责、国家发改委的主体功能区战略规划的职责、住房和城乡建设部规划管理的职责、水利部水资源调查和确权登记管理的职责、原农业部的草原资源调查和管理的职责、原国家林业局森林湿地管理的职责、原国家海洋局的职责、国家测绘地理信息局的职责整合，作为国务院的组成部分。将之前分散由各个部门分别管理的城乡规划、自然保护区、风景名胜区、自然遗产、地质公园等管理职责整合，都归由自然资源部统一管理，以往的自然资源调查、确权、规划和管理的体制已经发生了重大变革。

自然资源部的重要职责是以统一、协调、权威的国土空间规划为依据，推行"多规合一"并监督规划实施。改革把土地利用总体规划、城乡规划、主体功能区规划等几大类规划统一到自然资源部，建立统一、协调、权威的空间规划体系，推进"多规合一"，为扬各规之长、避各规之短创造了重要条件。

城乡规划管理之前归口于住房和城乡建设部，现在变为自然资源部。秉承对整个国土范围"整体布局、系统设计、资源节约、协调推进"的指导思想，"建设美丽国土、促进全民发展、增进资源惠民"的工作定位，对陆地海洋、上中下游、山上山下、地上地下进行统一规划、整体保护、系统修复、综合治理。新形势下城乡规划部门的职责应该是与相关部门一起完善及构建国家空间体系，这一构建涉及面广、任重道远，城乡规划只是这个巨大的有机系统中的组成部分之一。

改革开放以来，我国的城镇经济发展迅猛，规划进入变革和多规融合的发展时期，空间规划体系经历了从"无"到"多规鼎立"甚至"多规冲突"的演变过程，反映出一系列空间治理体系的内在矛盾。面对多种空间规划之间日益加深的交叉与冲突，2018年3月，中央对空间规划领域进行了重大机构调整，组建自然资源部，建构国土空间规划体系，统一行使对国土空间的用途管制，着力解决空间规划重叠和冲突等问题。城乡规划面临不断变革。我国经济发展和城镇建设处在规划变革时期，一方面，规划本身的作用、机制在变革，从简单地建立空间秩序到参与复杂的社会治理；另一方面，我们自身的知识积累和胜任现在工作的知识结构也必然会发生变革。我们要从线性的、工程化的系统论思维模式，走向社会化的、复杂系统的思维模式。此外，规划行业未来3~5年内也会是"摸着石头过河"、逐步搭桥的时期，我们不能关起门来，从理论到理论地演绎、设想，而是要尽可能地多下地方、多开展实践，从中找到真正管用的积累，才可能在这场变革中逐步形成自己的技术特色和技术产品，来面对这场非常激烈的变革。

与传统的自然学科和社会学科不同，规划学科是一门兼有自然科学和社会科学双重属性的综合学科。1952年中国正式的规划专业教育始于建筑学和土木工程学背景下的同济大学，此后中国规划专业教育长期只在工学背景下开办。从20世纪70年代开始，理科、管理学等类院校也逐渐加入规划专业人才培养的队伍，如南京大学等院校开办了经济地理学背景下的规划专业教育、中国人民大学设立了公共管理学门类下的规划专业教育。根据2012年高考招生目录，地理院校已经占据了规划专业人才培养的多半人才，工科院校已经低于半数，地理类、师范类、林学以及管理类院校逐步占据了重要份额。可见城乡规划专业教育所依托的学科平台的多元化趋势。

目前，全国大多数院校的城乡规划教育同样是在土木、建筑、市政学、社会学等多个学科中发展形成的。随着社会经济的转型，基于当前大数据信息时代发展和新时期转型发展时期，城乡规划学科和专业发生巨变，研究城乡规划教育转型和多元化发展就具有较大的参考价值和借鉴意义。

第二节　研究目的与意义

一、研究目的

结合新时代背景下城乡规划专业的改革和发展，本书主要有以下三个研究目的：

（1）通过对当前我国城市规划专业办学院校（以工科背景为主）人才培养和课程设置的现状研究，发掘当前以物质形体空间规划设计为主要教学内容的土建类背景院校城规专业基础教学存在的问题，明确所需解决的问题。

（2）通过对城乡规划变革和转型探寻，希望回到城乡规划的原点来寻求专业教育究竟需要解答什么问题，以进一步明确规划专业人才的培养目标和方向。

（3）围绕设计和实践教学需要解决的问题，从专业评估、人才需求及大学教育本质的角度探寻理想的专业基础教学模式，确定当前大数据背景下的基础教学内容、课程体系、教学方法与手段。

二、研究意义

在城乡规划学科日趋成熟、城乡规划事务面临变革、目前大学教育模式日趋多元化的背景下，进行城乡规划教育特别是设计和实践教学的研究具有如下意义：

（1）推动了我国城乡规划专业教育如何适应学科发展的探讨，促进了多年来依托于建筑学展开的专业基础教学逐步回归城乡规划学科站点。把握信息化时代高等城乡规划教育今后的发展趋势，使城乡规划专业教育更好地符合学科的发展要求，进而促进学科的发展。

（2）在当前高等教育人才培养目标功利化的大背景下进行回归大学教育本质的探索。本书尝试回到大学城乡教育的新时代的改革，探讨一系列实践课程和设计课程的案例分析，除了对专业教育的启发之外，这也将对我国逐步完善高等教育、提高人才培养的质量产生积极的意义。

（3）本书将城乡规划专业基础教育的整体作为研究对象，尝试厘清专业人才培养与学科发展、职业需求及大学教育之间的关系，这将在一定程度上帮助一些专业院校明确培养合格的专业人才的方向，为我国现代城乡规划理论的发展奠定人才基础。探讨城乡规划教育的多元化发展就具有较大的参考价值和借鉴意义。

第三节　研究思路与框架

图 1-1 显示了本书的研究思路和框架。首先，本书按照发现问题、分析问题、解决问题的思路，从课题研究背景，分析专业评估、人才培养模式下课程体系、设计课程，实践环节创新，结合信息化实验进行分析，对城乡规划教育提出教育改革和发展思路。其次，从大数据视角、专业评估、人才培养、特色专业建设等各个因素分析城乡规划教育发展，在新时期提出城乡规划教育的发展目标和未来方向。最后，从地方工科院校案例分析角度指出高等学校教育发展的创新思考，探讨城乡规划教育多元化的发展方向。

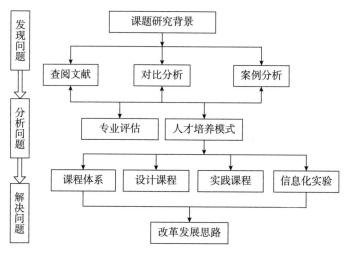

图 1-1　本书的研究思路与框架

第四节　研究内容

城乡规划教育研究主要包括以下几方面内容。

一、专业建设特色构建

首先通过教学大纲、课程说明、课程作业、教科书等史料的梳理，注重对新时代城乡规划教育教学内容、教学方法、教学实验等方面的分析。在此基础上，进一步凝练了专业办学特色：面向基层，突出服务地方；注重实践，突出设计能力；拓展知识，突出专业基础；强化修养，突出综合素质。

第一，注重与相关学科的融贯与渗透，构筑科学合理的专业知识基础。第二，注重专业课程体系建设，形成"两个主线 + 模块"的体系结构。第三，注重理论教学与实践紧密结合，提高学生的实践能力；理论教学城乡规划概论的体验感知方法的引入。第四，注重河南地域文化保护和继承与专业教育结合，培养学生综合设计能力。

二、人才培养体系创新

城乡规划教育是一个多学科融合的专业。要求学生熟悉和掌握地理科学、城市科学、建筑科学、人文科学、经济学、工程科学等，同时具备较强的形象与逻辑的思维能力。高校扩招以后，高等教育的教学模式已经由原来的精英教育转向大众教育。应该看到，随着社会的发展，专业分工的细化，市场对人才类型的需求会越来越多样，同样具有城乡规划（城市规划）教育背景的学生，在工作中会有各种各样的专业侧重，有时甚至差别很大。与多样化的社会需求相比，本科城乡规划专业设置显得过于笼统，但限于教育资源配置计划和专业工作对人员知识结构的要求，不可能再将本科城乡规划专业细分。因此，在高等学校大类学科发展和国家国土空间规划转型发展的大框架下，在人居环境学科大平台下，依托设计和理论两条主线，针对学生自身特点和当前社会需求，扩大选修比例，分层次、分类别进行人才培养。

三、模型和大数据在规划中的应用

大数据时代的到来不仅为城乡规划专业的教学模式带来了新的机遇也对教学方法提出新的变革需求。大数据和信息化技术手段的融入将从根本上改变城乡规划实验教学依附于理论教学的传统观念，通过落实实验教学多种信息化手段空间体验多元化手段，形成理论教学与实验教学统筹协调的理念和氛围，并将先进的教育理念和教学指导思想贯彻到实验教学工作中去。其中，包括实验教学体系、内容和方法改革，实验室建设、管理体制和运行模式的改革；包括构建集理论教学与实践教学为一体、课内与课外教学为一体的、多层次、多模块、相互衔接的科学系统的实验教学体系，整合分散建设、分散管理的实验室和实验教学资源，建设面向多学科、多专业的实验教学中心，提高实验教学效果。

四、实践教学环节创新

城乡规划教育的实践课程教学环节创新，就是信息化技术融入实践的城乡规划设计课程讨论，从人居环境模型和城市综合调查等教学方案和教学过程各个方面构建教学。城乡规划实践环节必须坚持"走出去"和"请进来"的原则，一方面，建立固定的实践教学基地，让学生能够有"走出去"的机会，给学生搭建校外实习的良好平台；另一方面，通过开展专题讲座、主题报告等形式，将规划行业市场的最新声音"请进来"，及时补充学生的规划知识体系。当然，对于实践基地，必须建立一个动态监测跟踪的机制，及时评估基地状况，时刻跟踪基地的实践效果，促进学生实践的效益最大化。

第五节　主要研究方法

一、理论研究与文献综述的方法

运用历史文献归纳法，通过历史文献资料、国内外城乡规划专业教育相关的理论专著、学术论文、研究报告、教育部的相关文件等文献资料的收集、分析、总结与提炼，获取基础上了解国内外城乡规划学科及城乡规划教育的形成与发展过程，把握其中的规律与特征，国内高等教育理论研究，城乡规划专业教育方法及理论研究在高等教育的科学发展观、"以本为本"，以及推进"四个回归"的指导下，综合运用城乡规划学理论、人居环境理论等构建地方特色高校的城乡规划专业发展的理论框架，并研究国际上高等学校城乡规划专业的经验与教训，结合河南省的地方院校实际情况，构建工科院校城乡规划专业学科发展的基础，提出未来大数据背景下城乡规划专业发展的新技术应用和教学方法等的改革，用以指导今后的高等学校教学改革的实践。

二、综合的方法

城乡规划具有综合性与复杂性，教育本身也无法建立完全统一的标准，除一些基本的原则和方法外，规划教育受到经济发展水平、国家发展政策、世界观、价值观等众多因素的影响。而教学则是在教育的目标理念下具体的实施过程，对教学方式的研究除教学内容外，还需针对施教者、受教者的不同状态展开全面的研究，具有多元性与开放性。因此，作为一个针对城乡规划专业教学问题的研究，需要从多视角、多维度出发，采用综合的研究方法，总结高等学校城乡规划专业人才培养的思路、政策和措施，吸取经验和教训，总结建筑学背景下城乡规划专业的优势和特点，分析城乡规划人才培养模式、课程体系、教学方法、实践性教学，对教学改革提供启示。

三、典型实证分析研究

本书还采用了案例分析的方法，以期以小见大、以点带面地寻求和把握相关内容间的规律与共性。深入剖析地方性院校在城乡规划人才培养计划中的总体思路、具体做法、取得成效和存在问题，对课程作业、实践环节、设计课等教学方法进行重点研讨。对其教学改革的初衷、主要思路、教改成效等，以及今后发展与突破的路径。针对新时代背景下专业评估，一一做了分析，总结其成败得失，为城乡规划更好地奠定基础教学改革的基础。

第六节　研究的技术路径

一、理论准备与文献资料收集

理论研究首先要重视第一手史料的收集，详细调查中国土木工程学、建筑学、市政学等相关学科，以及高校的课程指导书、课程表、教材、作业等史料，然后运用归纳法对本次城乡规划专业进行整理，再整合各类史料，构成较为完整的内容框架。本书为城市设计专题研究和个案研究提供完整的参照坐标系。

二、制定研究框架

研究思路是从国内城乡规划教育理论入手，以专业评估、时代新要求为基础，以专题研究与案例分析为两条主线，以战略研究为核心，构建的河南省地方性院校城乡规划专业的理论框架和总体思路。

三、应用跨学科、系统科学的方法

本书分析研究包括城市经济学、城市管理学、城市地理学、城乡规划学，以及地理信息技术等相关跨学科理论和基础学科。

本书分析方法有历史分析方法、文献综述法、比较分析法、计量地理、区划方法等手段，进行综合分析论证，形成本书的基本方法支撑。

第七节　国内外研究进展

一、国内研究进展

中国对规划教育的研究开始于 1980 年，1998 年 8 月原建设部高等城乡规划（城市规划）学科专业指导委员会正式成立之后，城乡规划（城市规划）教育研究日益引起了规划教育工作者的关注。讨论主题主要集中在未来中国规划教育的转型趋势和改革思路，以及目前规划教育的发展状况和存在问题。关于城乡规划教育史，在发展历程研究方面具有代表性的成果包括唐子来（2003）对规划教育专业范畴变革历程的总结，侯丽（2013）对现代规划专业教育发展历程的回溯。在相关人物及院校的个案研究方面，有交通大学唐山学校 20 世纪 20~30 年代的规划教学活动及任课教师朱皆平的教学贡献，虞炳烈执教中央大学，理查德以及鲍立克于 1943~1949 年在圣约翰大学都市计划教学等，研究内容多以相关人物的教育背景、规划思想等综合性论述为主，少部分成果专门从人物的规划教育者身份进行了研究。此外，步入 21 世纪以来，近代建筑教育史研究取得了丰硕的学术成果。一些建筑学科中的规划教育研究，仅将城乡规划学作为建筑学科领域的扩展部分。此外还有以相关院系及人物为研究对象的成果，大部分集中在"老八校"。由于近代规划教育活动多在建筑学科中发生，因此上述成果均为近代规划教育史的研究提供了可资借鉴的教育资源。

改革开放 40 多年来，中国城乡规划教育发展过程及经验教训是国内外规划教育界共同关注的问题。总结中国规划教育 40 年发展演变路径，"物质形态规划—综合战略规划—资源管理型规划"的发展转型演变是一个历史进程，也是目前资源管理型规划面临的机遇和挑战，规划教育也经历了"建筑基础—城市科学基础—多学科融合"的规划教育嬗变过程。40 年规划教育发展高度契合国家发展战略要求，并具有鲜明的实践需求导向，现阶段国家空间规划体系重构将对未来规划教育发展产生重要影响。

二、西方城乡规划（城市规划）的演进

西方现代城乡规划（城市规划）起源于对社会问题和消除社会不平等的关注，但其思想发展与实践发展并不完全一致。从城乡规划学科的发展历程来看，国外的城乡规划（城市规划）研究起源于建筑工程学科，18 世纪快速城市化进程带来的一系列建设问题与发展矛盾，迫使规划研究拓展到社会学科领域。到 20 世纪中叶，经济、政治、生态等多学科思想的涌入促成了现代城乡规划空间形态规划和相关的社会经济学科融合的理论体系。

（1）启蒙早期，城乡规划（城市规划）是一成不变的蓝图理想。当西方萌生关注并解决社会问题的理想时，刚好是"一战""二战"的交替时期，所以西方很长一段时间都试图用空间建造能力解决社会问题，规划在实践史上是围绕空间蓝图建造空间秩序。

（2）发展中期，进入功能主义时代，规划试图从空间秩序走向功能秩序，从图示化的蓝图转向关系化的蓝图。

（3）发展后期，开始意识到规划要向公共政策方向转变。公共政策奔着社会秩序的方向，是建立在全民共识基础上的一系列关系准则，试图为复杂关系网络的构建形成全新的秩序。可以看到，规划的这些具体内容的变化进程中都涉及到"改革"的内容。

三、描述发展的常用概念

（1）进步。追求明天比今天更好的生活状态。国际上使用这个词的两个导向是：进步意味着乐观的态度；进步意味着人人可参与并贡献力量的过程。

（2）发展。发展同样是改善生活质量，但并不强调人人参与，通常是有授权的政治主体架构，包括专家、学者、政治领袖等使用这个词，更多地强调专业化进程。

（3）技术。新的技术进步会带来新的发展模式，推动新的事物出现。技术本身是中性的，它改变变革进程实际是改变变革速率。技术的绝大部分贡献来源于科学家和各行各业的专家。

（4）观念。观念变化的核心是观念传播的广度、深度和速度。在公共政策为前提的体系建设下，非常重视媒体的作用，因为媒体在观念传播中起着非常大的作用，好的观念的变化甚至可以改变世界。干了而不去说，可能就损失了相当大的推动变革的能力。

（5）市场。有人说"所有的工业革命都是为懒人设计的"，所有的为了舒适都会催生新的产品，带来生活方式、生产方式的变革。对这一领域变革影响力最大的是工业界、经济学家。

（6）预测。不是所有的变革都是从天而降的。毛泽东说"历史是螺旋式上升的"是有道理的，最有价值的趋势性预测来自于历史学的研究。学城乡规划的人，一定要读几本规划思想史、规划工程史等历史著作，才能理解规划行业是如何螺旋式向前演进的，才不至于把自身位置降低至画图员的地位。而做中长期战略预测，与其说是数学模型的产物，不如说是对历史经验教训的归纳总结。

（7）冲突。冲突是变革过程中最极端的手段，可与革命画等号。西方经济学界曾推出的"休克疗法"也是一种冲突性的手段，把积压的所有矛盾用极端的方式在短期内解决，但付出的代价也是很大的。

（8）权力。权力是变革的核心，在变革中具有无可替代的作用。

（9）进化（用得不多）。社会学家往往会使用这一词汇。有些变革是有一定偶然性的，不全是人为的，比如气候变化、突发自然灾害等是变革的有效推手，类似于进化过程中发生的基因突变。

（10）混乱。任何混乱都是变革的最佳机遇期。混乱达到一定程度时，变革压力也达到峰值，此时顺手推舟实现变革是历史上成功实现变革的重要模式。

（11）批判性的意见。检讨型的内容在变革中起到的作用也受到关注。

（12）复杂性。对系统规律的理解如何从线性系统到非线性系统，到多元的复杂系统。

四、变革（发展）的特点

（1）这里谈的"变革"是人为推动的，由特定的人围绕特定的目标，采取特定的行动。是由特定的人走向社会共识的凝聚，最终走向真正的社会秩序的过程，与自然界"进化"存在差异。

（2）变革的推手是"社会活动者"。只有你的声音成为社会的声音时，才会成为变革的真正推手。有了传媒的介入，成为真正的社会活动者，才能带领社会形成明确导向，实现对旧事物的扬弃，并且实现创新。

（3）变革靠的不是线性。线性模型是对稳态系统的描述，前提是地区的社会经济不发生结构性变化。但我们现在面临的时代恰恰是结构调整时期。规划和变革是为了应对非线性、不确定性的问题，所有新理念、新模式、新事物都是因变革而产生。看上去混乱的时代才会催生全新的东西。近几年，全球化、部门改革等诸多不确定性机会带来的博弈期会催生全新的东西，这才是机会所在。

（4）权力推动变革。用现代语言谈"权力"不仅是指强权，而且是影响别人的能力。规划的所有过程都是与权力结合形成的。制度和机构是权力的核心，改变制度、改变制度架构是权力运作的核心和有效渠道。如何用好这些合作渠道，实现权力架构重改，推动社会运动，促进少数人倡导的观念变成社会共识的观念，是推动社会变革的核心。

（5）当代变革的特点是"宏大进程"和"小型化社会活动的逐步积累"两条腿走路。宏大进程起的作用正逐渐下降，越来越多的社会变革是通过一系列小型社会行动的日积月累，逐渐形成影响他人的能力，当它影响的民众足够多时，就会变成大规模社会行动。

（6）变革是推翻套路，走全新的路。我国的舆论对"摸着石头过河"颇有争议，但国际著名学者写的系统论和方法论的书都对这一观点极其赞美，因为任何变革是没有所谓套路可循的，没有全球通用的套路。

（7）所有成功的变革都起源于大规模寻求合作。党的三大法宝之一"统一战线"就是寻求大规模合作。寻求的合作越跨界、越广泛，变革的阻力就会越小。凡是想关起门来孤芳自赏地设计变革的，路径往往都会无疾而终。

（8）所有变革的起点都是样板事件和样板效应的发酵。个案化成功经验的堆砌才能形成更大规模的效应。不要迷信自上而下通过高度结构化的顶层设计来推动变革，相反，观察社会，观察事件演进的所有细节，从中捕捉可变动的机会，才是所有的改革者更应该关注的东西。

五、城乡规划专业的理论基础

城乡规划专业理论基础涉及自然科学、社会科学、工程技术和人文艺术科学的知识理论与技术方法等方面。城乡规划专业的知识领域可分为城市与区域发展、城乡规划理论与方法、城乡空间规划、城乡专项规划、城乡规划实施等。

六、人居环境学科群

城乡规划学与建筑学、风景园林学共同形成人居环境学科群的主干学科。城乡发展的多目标决定了城乡规划专业需要有宽泛的知识基础来支撑。本专业涉及工学、理学、管理学、艺术学、经济学、社会学、法学、政治学、历史学等学科门类。学科群是将联系比较密切、内容相互关联的学科集合起来，其中各学科之间资源可以共享、优势能够互补。学科群是一个有机的集合体，其组成学科之间应符合知识的逻辑相关性，各学科相互依存、相互交叉、相互融合。吴良镛先生提出人居环境科学理论后，在教育界倡导建立人居环境学科体系（学科群）。1996年，在清华大学建筑学院成立50周年时，吴良镛先生就提出建筑、园林、规划"三位一体"的学科发展设想（吴良镛，1996）。2001年出版的《人居环境科学导论》中提出发展和整合建筑学、城乡规划学和风景园林学三个学科，作为人居环境科学主导学科群（吴良镛，2001）。2011年，教育部进行学科目录的修订，建筑学、城乡规划学和风景园林学同时进入一级学科之列。学科发展进入一个新的阶段，要求更加深入的综合性和整体性，人居环境学科群的建立将有助于三个学科在原有探索基础之上逐步走向融合创新。

七、城乡规划的作用

目前面临的大时代背景不仅仅是机构改革的变革，更是"中国面临百年未有之大变局"，中国、全球都面临剧烈宏观变化，我们正处于剧烈动荡和剧烈变革的时代。在这一背景下，需要讨论三个问题：第一，变革为什么会发生？第二，推动变革的动力是什么？第三，我们如何应对变革？

从广义来看，规划是渗透在整个人类发展进程之中的。若将其放置于更高的话语权来看，会发现人类不同于动物的地方在于：人类拥有幻想力，能幻想美好的未来；人类拥有行动力，可按其想象的未来有目的地通过实践接近目标。人类具备设想秩序并逐步建立秩序的能力。而这三大能力均与规划有关。所以，只要人类还生存，"规划"两个字就永远不会消失，但规划的内涵和工作重心却是常变的。

城乡规划是一门综合性学科，涉及城乡规划（城市规划）、区域规划、旅游规划、建筑设计、风景园林、农业经济、生态环保、水利工程等专业。根据国务院学位委员会与中华人民共和国教育部联合下发的《关于印发〈学位授予和人才培养学科目录（2011年）〉的通知》，城乡规划（城市规划）专业在学科调整中提升为一级学科，并更名为"城乡规划学"，隶属于工学，学科编号0833。

城市规划（城乡规划）是一门自古就有的学问，是研究城市的未来发展、城市的合理布局和综合安排城市各项工程建设的综合部署，是一定时期内城市发展的蓝图，是城市管理的重要组成部分，是城市建设和管理的依据，也是城乡规划（城市规划）、城市建设、城市运行三个阶段管理的龙头。

城乡规划编制是指各级人民政府根据一定时期城市的经济和社会发展目标，依法编制规划文件，以确定城市性质、规模和发展方向，合理利用城市土地，协调城市空间功能布局，综合部署各项建设。其一般工作原则包括：

（1）城乡规划要为社会、经济、文化综合发展服务。当前我国正处在加速城市化的时期，既面临难得的历史机遇，又面临着巨大的挑战。各种社会、经济矛盾凸显，对政府的执政能力提出了新的挑战。在市场经济的发展中，城乡规划是政府实施宏观调控的主要方式之一。城乡规划、建设的根本目的就是促进社会、经济、文化的综合发展，不断优化城乡人居环境。实施城乡规划与城乡综合发展是相辅相成、互为依据的。没有城乡的不断发展就不可能为实施城乡规划提供物质基础。在编制城乡规划时是否有利于区域综合发展、长远发展，应当成为我们考虑问题的出发点，也是检验城乡规划工作的根本标准。

（2）城乡规划必须从实际出发、因地制宜。从实际出发就是从我国的国情出发，从城市的市情出发。近年来，虽然我国的发展取得了长足的进步，国民生产总值排名在世界上不断上升，但人口多、底子薄的情况并未得到根本改变，仍属于发展中国家，这就是我国的基本国情。一切城乡规划的编制，包括规划中指标选用、建设标准的确定、分期建设目标的拟定，都必须从这个基本国情出发，符合国情是城乡规划工作的基本出发点。我国幅员辽阔，城市众多，各地自然、区域乃至经济、社会发展程度差别很大，城乡规划不能简单地采用统一的模式，必须针对市情提出切实可行的规划方案。从根本上讲，城乡规划的目的是用最少的资金投入取得城市建设合理化的最大成果，对于国外的先进经验和优秀的规划设计范例，也应从我国的实际情况出发，吸收其精髓实质，而不是盲目追求它的标准和形式。在各地的规划建设中，脱离实际、盲目攀比、贪大求洋的情况屡屡出现，《国务院关于加强城乡规划监督管理的通知》（国发〔2002〕13号）中对这些现象提出了严肃的批评。要把坚持实用、经济的原则和美的要求有机地结合起来，力争少花钱多办事、办好事。

（3）城乡规划应当贯彻建设节约型社会的要求，处理好人口、资源、环境的关系。我国人口多，土地资源不足，合理使用土地、节约用地是我国的基本国策，也是我国的长远利益所在。城乡规划必须贯彻中央关于建设节约型社会的要求，对于每项城市用地必须认真核算，在服从城市功能上的合理性、建设运行上的经济性前提下，各项发展用地的选定，要尽量使用荒地、劣地，严格保护基本农田。要从水资源供给能力为基本出发点，考虑产业发展和建设规模，落实各项节水措施。要大力促进城市综合节能，鼓励发展新能源和可再生能源，完善城市供热体制，重点推进节能降耗。

（4）城乡规划应当贯彻建设人居环境的要求，构建环境友好型城市。现代城市的综合竞争力和可持续发展的能力的重要因素之一是城市的人居环境的建设水平。从特定意义上讲，城乡规划是城市的环境规划，城市建设是为市民的工作、生活创造良好环境的建设。城市的发展，尤其是工业项目，对于生态环境的保护有一定影响。但产业发展与人居环境建设的关系，绝不是对立的、不可调和的。城市的合理功能布局是保护城市环境的基础，城市自然生态环境和各项特定的环境要求，都可以通过适当的规划方法和环境门槛的提高，把建设开发和环境保护有机地结合起来，力求取得经济效益、社会效益的统一。

（5）城乡规划应当贯彻城乡统筹、建设和谐社会的原则。树立和落实科学发展观，构建社会主义和谐社会，是党从全面建设小康社会、开创中国特色社会主义事业新局面的全局出发提出的一项重大任务，适应了我国改革发展进入关键时期的客观要求。在城乡规划工作中，关键要坚持"五个统筹"，推动经济社会全面协调地持续发展。城市是人类社会、经济活动和时代文明的集中体现。城乡规划不仅要考虑城市设施的逐步现代化，同时要根据市场经济条件下社会利益主体多元化、复杂化的趋势，深入研究日益增长的城市居民各种层面的利益需求和矛盾关系，为建设和谐社会创造条件。要建设和谐社会，还必须处理好继承优秀传统文化与现代化建设的关系。在编制城乡规划中，必须注意保护当地的优秀历史文化遗产，有纪念意义、教育意义和科学艺术价值的文化古迹，把开发和保护、继承和发扬结合起来。少数民族地区的城乡规划应当适应少数民族风俗习惯的需要，并努力创造具有民族特色的城市风貌。

第二章 专业评估导向下的
特色建设研究

第一节 专业建设背景

一、挑战与机遇

（1）专业教育评估不仅是对高校办学实力和教育质量的检查，也是进行自我审视、自我完善的过程，更重要的是起到"以评促建"的作用。通过对高等学校城乡规划专业教育评估历程与成效的回顾和分析，认为城乡规划专业教育评估对于地方院校来说更有利于专业发展定位、内涵提升和扩大影响力。地方院校应针对自身优势，以评估为契机，精心凝练办学特色，全面客观展现专业发展水平，提升专业建设内涵。

（2）2011 年国务院学位委员会、教育部将城乡规划学调整为城乡规划学，列为一级学科。在此背景下，对城乡规划专业的发展方向、目标、内容，以及人才培养的要求、层次、计划及教学方法、手段等都相应提出了更高要求。

（3）21 世纪中国将进入城市化的快速发展期，城市化的基本动力是经济的发展，它是和我国工业化的进程相适应的，且与西方发达国家已处于后工业化社会、后城市化时期有着重大的区别。中国的城市在数量上和质量上都将有巨大的发展，其中将进行大量的城市基础设施和建筑的建设，因此城乡规划人才的培养必须适应中国的城市建设发展阶段提出的基本要求，要培养满足技术研究和技术管理岗位的人才，城乡规划专业体系必须在现有的基础上进行改革和完善的研究。

（4）随着我国向市场经济转轨，城市建设投资主体的多元化，利益集团的复杂化，城乡规划必须在更大范围内进行综合和协调，城市的经济、社会、发展服务必须贯彻可持续发展的战略。因此城乡规划的专业人才应掌握经济、社会、环境、建筑、市政工程等多方面的知识，具备城乡规划与开发、规划设计和管理、城乡规划和法律法规等方面的综合的能力。

在准确把握城乡规划专业改革与发展趋势的前提下，从城乡规划学科系统性强、各学科知识交叉，综合应用和实践性强等特点出发，面对 21 世纪我国城市现代化建设过程中对本学科专业综合素质、多元复合人才的市场需求，要准确把握专业特色是专业赖以生存和发展的主脉。并在办学过程中不断总结升华，因为这个办学过程是其他经验所无法替代的。

二、研究的必要性

2011 年 4 月，国务院学位委员会和教育部批准印发了《学位指导与人才培养学科目录（2011 年）》，其中，"建筑学"一级学科中的"城乡规划"二级学科被分离出来，并被设置为新的"城乡规划学"一级学科。这被认为是"我国国情所使，是从传统的建筑工程类模式迈向社会主义市场经济综合发展模式的需求，是中国特色城镇化道路的客观需求，也是中国城乡建设事业发展和人才培养与国际接轨的需要"。随着这一宏观形势的变化，原来以培养城乡规划与建设人才为主的城乡规划专业（本科）课程体系，必然需要重新建构才能与学科的调整与发展相适应，才能与城乡社会经济发展建设对人才的需求相适应。

21 世纪以来，持续快速的市场经济发展使我国城市建设速度和规模空前繁荣。面对这种历史性的机遇和挑战，城乡规划专业人才的培养已是一项十分艰巨的任务。截至 2016 年底，全国设有城乡规划专业本科的院校达到 207 所，在校学生约为 2.6 万人，达到了历史最高水平。为保证和提高原城乡规划专业教育的基本质量，国家住房和城乡建设部（原国家建设部）从 1998 年开始组织实施全国高等学校城乡规划专业教育评估工作。目前，已经开展了 6 次评估（平均每次申请评估的院校仅为 3.16 个），已有 44 所院校的城乡规划本科专业通过了评估，约占全部本科院校的 13%。其中，获得 6 年评估有效期的院校有 12 所，占通过评估院校的 66.7%；地方院校通过评估的仅有 6 所。随着高速城镇化进程的提升，城乡规划作为城乡建设的重要支撑，如何适应社会与地域的发展，合理培养城乡规划专业人才成为当前众多高校的重要研究课题。

三、研究的内容

借用"传道授业解惑"的为师之责，探究专业特色形成的脉络，可以做出这样的类比分析：传道是通识教育，授业是专业教育，解惑是教学目的，所授之"业"因时因地因人的不同而不同，是这三者的耦合所产生的办学特色。因此，专业办学特色的形成是在时间的积淀下，根据不同的办学条件多因素相互影响的结果。没有特色的"业"，无法达到真正解惑的目的，传道也就无法落到实处。从专业办学的角度看，对因材施教、因地施教、因时施教的探索，归根到底是对专业特色的探索。本部分研究基于专业评估大背景，高校城乡规划特色专业改革成为重要的研究课题，本书结合华北水利水电大学的城乡规划专业的教学改革，针对华北水利水电大学城乡规划专业存在的问题，从专业特色凝练、课程体系改革和城市实践环节和理论课程改革等专题研究方面进行研究和探讨。

第二节　城乡规划专业现状与问题分析

一、国内城乡规划专业现状与历史发展

国内城乡规划专业大多是以可持续发展思想为理念，以城乡社会、经

济、环境的和谐发展为目标，以城乡物质空间为核心，以城乡土地利用为对象，通过城乡规划的编制、公共政策的制定和建设实施的管理，实现城乡发展的空间资源合理配置和动态引导的多学科复合型专业。

城乡规划从行政层面包括国土规划、区域规划、城镇体系规划、城市规划、镇规划、乡规划和村庄规划。城乡规划专业的主要领域涵盖城乡物质环境的空间形态、土地使用、道路交通、市政实施、服务设施、住房和社区、生态和环境、遗产保护、地域文化、防灾减灾规划等。

城乡规划专业源自建筑学、城市设计和市政工程学科。20 世纪 50 年代，城乡规划专业逐步引入了人文、地理和社会学科等；20 世纪 60 年代，导入数理统计、数学模型和计算机等新技术和新方法；20 世纪 70 年代，融入了资源、环境和生态学科等，公共管理理论也被大量引入城乡规划；20 世纪 90 年代，开始应用地理信息系统、信息技术。进入 21 世纪，深化公共管理在城乡规划中的融合，并正在导入移动网络信息技术的应用，开拓城市文化创意与创新的研究方向。

1952 年全国高校院系调整时，同济大学创办了我国第一个城市规划本科专业，当时称为"城市建设与经营"专业。1956 年清华大学和重庆建筑工程学院以建筑学为学科基础设立了城市规划本科专业化，同济大学设立了城市规划专业。1987 年、1993 年、1998 年的三次本科专业目录为"城市规划"专业。

2011 年 3 月，国务院学位委员会正式通过城乡规划专业增设为一级学科，2012 年新修订的《高等学校本科专业目录》为"城乡规划"专业。经历 60 多年的发展历程，我国的城乡规划专业已经形成较为完善的专业知识体系、人才培养体系、教育评估体系、职业标准体系。20 年来，我国城乡规划学的学科建设发展很快。据高等学校城乡规划专业指导委员会的不完全统计，截至 2016 年 10 月，国内设有城乡规划专业的大学院校在 207 所左右，通过城乡规划专业本科评估院校 44 所；拥有城乡规划与设计硕士点院校 60 余所，通过评估的院校有 12 所；拥有城乡规划与设计博士点院校 9 所。城乡规划专业的硕士点、博士点，以及博士后流动站的办学数量和办学质量也呈稳步上升趋势。在全国范围，很多有影响的大学院校的城乡规划专业已经通过全国城乡规划专业教学评估，包括清华大学、东南大学、同济大学、重庆大学、天津大学、华中科技大学等国家"211"和"985"的重点院校。按照学科背景大致可以分为 4 类：建筑类（约占65%）、工程类（约占 15%）、理学类（约占 15%）和林学类（风景园林方向，约占 5%），学科分类地域广泛，我国华北、东北、西北、西南、华中、华东、华南等地域均有一所以上重点院校设立该专业。由此可见，我国多数院校的城乡规划专业脱胎于建筑学专业，少数脱胎于工程类和地理学专业，也有一部分是近年来新设立的。各院校依据各自的办学优势与条件形成了各自的办学特色。城乡规划本科专业具有多学科背景的特点，有的专业以土建类学科为背景，有的以地理类学科为背景，有的以社会科学类和管理类学科为背景。由于各学校基于不同学科背景开设城乡规划专业，丰富了城乡规划专业的内涵，形成了不同学校城乡规划专业的各自办学特色。

二、学校城乡规划专业的学科特点和专业状况

（一）华北水利水电大学城乡规划专业的现状

华北水利水电大学城乡规划专业于 2000 年申报成功，申报时名为"城市规划"，隶属土木工程系，专业学制四年，学生毕业后获得工学学士学位。后于 2012 年更名为"城乡规划"，学制五年。城乡规划专业 2001年开始招生，以河南省为主要招生区域，生源覆盖全国。2005 年第一届城乡规划专业学生毕业，截至 2016 年底，已有毕业生 800 名左右，在校生规模达 280 人（见表 2-1）。2010～2015 年是三个班级招生规模，2016 年缩减为两个班级招生规模。华北水利水电大学城乡规划专业创办于 2001 年，其发展过程跨越了中国城乡规划学一级学科确定的前后时期，经历了专业名称由城市规划变为城乡规划，同时也经历了校内的城乡规划专业的四年改为五年学制过程和校内专业评估，经过了近 20 年的不断变化丰富，专业特色日渐明晰。作为一所地方院校，以专业教育评估为契机，真正起到了凝练办学特色、展现专业发展水平、提升专业建设内涵和扩大专业影响力等方面的重要作用。2016 年从城乡规划专业分离出来一个城市设计方向（其中一个实验班，班级人数为 21 人）。

表 2-1　华北水利水电大学城乡规划专业历年招生规模　　单位：人

2007 年	2008 年	2009 年	2010 年	2011 年	2012 年	2013 年	2014 年	2015 年	2016 年	2017 年	2018 年
60	61	62	90	90	83	80	80	81	42	45	45

资料来源：华北水利水电大学招生处。

从这几年的招生情况来看，2001 年是学校本科专业全面扩招的第二年，城乡规划专业的生源规模没有问题，但生源素质有待提高。根据对每届新生所做的调查，其中由于家人或朋友从事城规或相关专业而对城乡规划专业有所了解的同学仅占极小的比例，绝大部分同学对自己所选专业一无所知。极少数同学曾经学过绘画，绝大多数同学没有一点美术底子。而且农村的学生占有相当的比例，这部分同学的知识面相对较窄，绝大多数没有接触过绘画。生源质量不高无疑增大了教学目标实现的难度，由于学生基础薄弱，专业课学起来非常吃力，同时教师在授课过程中也很难确保良好的教学效果。如此，学生在短短四年的本科学习期间，似乎一直都处于弥补基础不足的状态，而很少有提高飞跃的时机，因而也很难保证学生在毕业时具备较扎实的专业理论知识和较高的专业技术能力，以及由此产生的较强的社会竞争力。

城乡规划（城市规划）教研室组建于 2001 年 9 月，成立之初由于师资力量薄弱，在教学组织与安排中与建筑学教研室实现师资共享。随着专业建设的不断发展，专业教师队伍也在不断壮大。目前城乡规划教研室拥有专业教师 18 人，其中，副教授 3 人，讲师 10 人，助教 5 人；博士学历 3人，硕士学历 15 人。35 岁以下的教师 8 人，35~45 岁教师 10 人；教师中本校毕业的 2 人（本科阶段），外校毕业的 16 人，主要毕业学校有西安建筑科技大学、华南理工大学、重庆大学、南京师范大学、郑州大学、河南大学、中南林学院、天津城建学院、法国凡尔赛建筑学院等。拥有国家注册城乡规划师资格的 10 余人。专业师资结构高层次教授人才缺乏，中青年教师为主体。2017 年从城乡规划教研室脱离出来城市设计教研室。2016 年城乡规划专业新设立城市设计方向。

（二）特色凝练过程

华北水利水电大学城乡规划专业发展时期，同时也是专业特色逐步确立的过程，期间经历四年制的学制无特色时期，调整为五年制逐步发展时期，到近年的专业特色逐步成熟时期。华北水利水电大学是一所以工科为主、水利为特色的学校，城乡规划专业经过近20年的发展，从摸索探索阶段逐渐走向快速发展阶段，但在城乡规划专业人才的培养上还存在一些问题，如师资力量单薄、教学总体水平不高，硬件建设如专业教室等还没有达到最佳状态，专业知识结构的调整和转换还相对滞后于市场的需求等。此外，纯工科学院教学模式与目前社会需求的城乡规划专业本身所要求的教学模式存在差异，在课程设置上也存在一些不合理的地方。因此，学校的城乡规划专业教育只有在充分考虑自身特点的同时，借鉴城乡规划专业传统名校的办学经验，不断思考，不断探索，才有可能开创一条发展之路。以城乡规划学为学科依托的城乡规划本科，其前身城乡规划本科专业的学科依托是建筑学学科，属于工科，与建筑学本科专业界限不明，导致城乡规划本科专业的办学特色不甚明晰。国务院学位委员会、教育部于2011年3月颁布了《学位授予和人才培养学科目录（2011年）》，增加了城乡规划学一级学科，属于工科，科学代码为0833，从此，国内各个学校城乡规划专业的办学特色逐渐鲜明。

1. 专业发展的初步时期

华北水利水电大学城乡规划（城市规划）专业，在2000年提出申请，当时师资有限，设置学制是四年制，依托学校土木工程学院，并参考国内外一些大学四年制的培养方案组织教学，取得了一定的成果，但对课程设置和城乡规划的专业定位无法凝练特色，但是经过五年左右的运行，在2008年提出申请五年制，国家设置一直没有批准。2013年获批五年制办学。

2013年五年制办学审批成功后，城市规划专业名称调整为城乡规划专业。2013年经过新一轮的城乡规划培养计划的调整，华北水利水电大学城乡规划专业对课程设置进行了较大幅度的调整。融入了很多建筑学设计的物质空间的架构和更多人文社科学科的交叉。

2. 专业特色的发展时期

2013年9月华北水利水电大学城市规划专业更名为城乡规划专业，首次进行招生，三个班级共计80多人。在当时9月全国高等学校城乡规划专业指导委员会年会上，城乡规划教师团队带领的城市社会调查项目获得了"三等奖"和"佳作奖"的好成绩。

3. 专业特色的成熟时期

2015~2019 年，基于华北水利水电大学城乡规划专业对"人居环境科学"大学科的战略思考，同时借助于学校 2016 年本科质量教学国家评估的势头，华北水利水电大学进行了新一轮的城乡规划培养计划的调整，在建筑大类招生的基础上，增加了城市设计的方向，形成了城乡规划专业特色定位：以城乡规划学科为基础，以建筑类、地学类学科群为依托，构建地理信息、规划设计、模拟展示的多维平台，强调以中原地域文化为背景的城市设计、具有历史文化氛围地段和村镇发展保护规划的专业方向，培养能够综合分析和解决城镇发展问题的专门人才。2016 年实行建筑（建筑学、城乡规划、风景景观）大类招生，并分出城市设计方向。

三、专业特色需要应对的城乡规划问题

规划专业特色的形成和确立，是与人才培养规格、人才培养目标密切关联、密不可分的，否则，专业特色就失去了意义。人才培养与社会服务对象和范围紧密相关，面向社会需求、体现办学特色、追踪行业动态、引导专业方向是专业特色形成和确立的主要动因。

（1）根据专业设置的需求。城乡规划专业指导委员的专业评估要求，调查国内外设置同类专业的知名学校清华大学、天津大学、西安建筑科技大学、同济大学在学科设置基础上，认为城乡规划建设特色不明显，设计课和实践课程特色不明确。

（2）根据社会发展需求。城市建设近年来获得了突飞猛进发展，全社会对于城市问题都给予了极大的关注，然而城乡规划专门人才却极为短缺。城乡规划师是以城市为研究和工作对象的专业工作者，在城市建设和管理工作中发挥着巨大的主导作用。因此，在教学体制上，应该根据社会经济的发展需求、城市建设的发展需求，对应专业评估的要求。但传统的城乡规划专业课程体系主要存在的问题有以下几方面：①过于重视传统城市物质空间规划与设计的教育和训练，使学生在城市社会、历史、文化、

宗教等方面的知识不定。例如，始终强调"城市是扩大的建筑"这一设计理念，没有考虑乡村规划设计的区域。②过于重视规划技术手段和工具运用的教育和训练，使学生在政策理解、法律运用、沟通协商等人文素质方面的能力不强。一方面表现在相应的课程缺乏，另一方面表现在实践训练或实践缺乏。③缺少专业的竞赛项目参赛，学生设计闭门造车。由于学科发展长期以来都以城市的规划与设计为对象，不仅导致乡村理论研究十分薄弱，人才培养也局限于城市的发展与建设，在目前的新农村规划与建设中，就存在沿用城乡规划与设计的方法和思想的问题。④存在课程的开设时序的衔接问题，理论课程与实践环节的配合不够紧密。理论课程中基础人文课程开设不够，例如，没有城市地理学和历史文化保护规划等课程，设计类课程课时较短。

四、新时期学校城乡规划专业建设的目标定位

（一）要以调查研究为基础

认真学习全国高等学校城乡规划专业教育评估委员会制定的《全国高等学校城乡规划专业教育评估文件》和全国城乡规划职业制度管理委员会制定的《全国注册城乡规划师执业考试指定用书》，调研有关兄弟院校城乡规划专业的办学情况，了解兄弟院校河南大学、郑州大学、天津城市建设大学、河南科技大学、河南城建学院城乡规划专业的教学大纲、授课条件、师资配备、教材建设、实习要求等，并进行多种方案的对比分析，然后确定本校专业改革的方向。

本规划课程体系研究参考国内外知名大学如西安建筑科技大学；浙江大学、华南理工大学、天津大学、郑州大学的教学体系计划，在原有的教学计划和师资条件等基本已经满足城乡规划基本办学要求的基础上，结合国家专业指导委员会的要求，利用华北水利水电大学城乡规划专业现有办学的条件，把课程体系的培养年限、课程体系的合理性、特色建设方面进行重新架构，根据河南省同类专业设计的培养计划的要求，调整和定位2015年版本城乡规划专业课程体系。

（二）要以发展需求为依托

城乡规划专业人才培养必须符合社会发展的需要，依托地方经济和区域经济，服务地方经济和区域经济，既要跟上国内本专业的发展步伐，又要切合具体实际。根据中原地区中小城市及乡镇数量多、发展快、城乡规划人才严重告急的基本情况，华北水利水电大学学校所培养的城乡规划专业毕业生就业去向定位在中小城市的教育部门、科研部门、中小型设计单位和规划管理部门。

华北水利水电大学地处黄河之滨的郑州市。目前学校已发展成为一所以水利和电力为特色，工科为主干，理、工、农、社、管、文等多学科协调发展的大学。在华北水利水电大学城乡规划专业借助建筑学评估的大背景下，如何构建自己的专业特色、办出自己的特色优势，既是社会发展的需求、学生就业的需求，也是学科与专业自身发展的需求。结合办学经验，通过广泛调查，实际操作，依据"全国高等学校城乡规划专业本科（五年制）教育培养方案"和学校教学的总体要求和指导思想，现在对城乡规划专业的定位要求是：立足河南，面向全国，所培养的城乡规划专业人才主要服务于中小城市及乡镇，服务于地方和区域经济；其人才培养规格为：培养适应改革开放和现代化建设需要，具有区域规划、城镇规划、建筑设计、详细规划设计、规划管理等方面的知识，并具有一定管理能力和自我发展潜力的复合型人才的需求，具有较强的实践能力与创新意识的应用型设计人才。

第三节　专业特色建设构建

一、特色建设的定位要求

作为地方本科水利特色突出的本科院校，必须立足实际，通过城乡规划特色专业建设，更加重视城乡规划专业人才培养与社会需求、可持续发展之间的对应和互动关系，全方位、多层次、多环节地培育城乡规划专业人才，从而使学生的自身价值达到最大化，以适应社会竞争和可持续发展的需要。

（一）目标导向

城乡规划特色专业建设是培养社会所需城乡规划设计人才的载体，是赢得社会声誉、形成核心竞争力的重要环节，关系学生就业和未来发展，所以地方本科院校应当以实现社会、地方本科院校和学生共赢的良好格局作为根本目标，并积极推进优化人才培养方案、深化教学改革与创新、强化师资队伍建设等工作。

（二）主动适应

文化自觉视角下，高校教育质量建设是一个漫长的过程。高校作为特色专业建设的主体之一，必须从发展理念与战略层面上下功夫，积极回应社会关切、应对国家战略需要，解决学科逻辑与社会需求相脱离的现象，以提高与社会需求的契合度。

当地社会经济需求是影响高校特色专业建设的不可忽视的要素，特色专业建设必须与当地社会经济发展相适应，才能获得更大的动力和支持。

由于地方本科院校城乡规划专业的首要任务是为区域经济社会发展培养设计人才，所以主动适应成为地方本科院校城乡规划特色专业建设必须遵循的重要原则。城乡规划特色专业建设要主动适应社会客观需要，充分考虑区域经济社会发展对设计人才的需求，立足现有的专业优势和特色，适时调整专业建设方向，加强专业建设的可持续发展规划，积极推进城乡规划教学改革与创新，高度重视专业内涵更新和发展前景，形成可持续生存和发展的专业特色，提高城乡规划人才培养质量。

（三）突出特色

如何培育自身的特色专业是地方本科院校普遍面临的一个现实问题。地方本科院校特色城乡规划专业建设应当坚持突出特色、发展特色的原则，紧密结合经济社会发展的客观需要，着力开展全方位的规划教学改革和创新。积极优化配置办学资源，避免盲目求大求全，着重在某一特定方向有所突破、形成特色。地方本科院校具有显著的办学特色沉淀和资源，在一些特定行业占有相对优势，所以应依托原有行业，在充分考虑专业优势情况和社会需求的基础上，不断培育专业特色、走内涵型的发展之路。

二、特色建设的具体目标

（一）人才培养目标

城乡规划专业人才培养目标明确以培养"应用型创新设计人才"为目标。注重学生的专业素质与实践能力的提高，强化设计理念，提高动手能力，培养具有较高综合素质、围绕"大水利"从事城乡规划与设计，并且有较强创新、研究能力的应用型人才。其中，以"设计人才"作为基本目标定位，以"创新"作为培养重点，以"应用型"拓宽其发展道路，体现办学特色。

（二）师资团队建设目标

以培养省级在线精品课程和双语课程为突破，以培养年轻骨干教师为重点，通过人才引进和师资培训，培育一支年龄结构、学历结构、职称目构和知识结构合理的高素质师资队伍。2018 年已经有校级在线课程"城镇总体规划设计"已经在华北水利水电大学运行中。争取高层次带动中青年的良好师资团队形成。

（三）学术科研目标

学术科研目标是形成鼓励创新、争创一流、开放活跃的学术研究氛围和制度环境，根据教师自身的学术专长和兴趣组建一定数量的高水平学术研究团队，依靠团队力量，力争在某些规划研究领域取得重点突破，发表和出版一批在国内乃至国际上具有一定影响力、产生良好社会效益的学术研究成果。

（四）硬件建设目标

目前专业配套硬件设施主要包括规划实验室、模型实验室、专业资料室和数据库。已经建设一个涵盖城乡规划各主要研究领域的中英文文献的资料室，并且引进一批规划学术研究中最常用和最权威的文献型资料。

三、特色构建的具体措施

如何培育突出自身特色是地方本科院校普遍面临的一个现实问题。作为地方本科院校，城乡规划专业建设应坚持突出特色、发展特色的原则，紧密结合经济社会发展的客观需要，依托学校水利优势学科，着力开展全方位的城乡规划教学改革和创新。积极优化配置办学资源，避免盲目求大求全，着重在某一特定领域有所突破，进而形成自身特色。

作为地方本科水利院校的城乡规划专业，我们立足实际，通过城乡规划专业建设，更加重视城乡规划人才培养与社会需求、可持续发展之间的对应和互动关系，全方位、多层次、多环节地培育城乡规划专业学生，从而使学生的自身价值达到最大化，以适应教育竞争和可持续发展的需要。

依托华北水利水电大学水利水电工科学科群形成整体优势，结合国家与地方建设发展需求，立足中原，面向全国，努力建设省内外具有一定影响的、突出水利与技术为特色的建筑学科。

以"特色教学"为导向，以虚拟现实实验室为基础，以提升学生设计体验能力为出发点，通过在线课堂和微课建设，因地制宜地整合城乡规划教学体系，凝练学科方向，搭建合理高效的学术平台，力争开辟出根植中原地域特色的培养目标和方法，发展以"特色教学"为导向的教学研究。

（一）对专业办学特色的认识

专业办学特色是专业建设的灵魂所在，地方本科院校城乡规划专业要增强自己参与市场的能力，以在激烈的竞争中立于不败之地，应该充分挖掘并结合地方、社会、经济、文化特色，逐步形成体现地方特色的办学模式。因此，如何凝练专业办学特色是高校专业教育评估中非常重要的工作，专业办学特色对于专业教育评估的结果将会产生重要影响。所谓高等学校办学特色，是指学校根据自身的实际情况，结合时代要求、行业特点和地域特征，在办学思想、办学理念、教育观念、质量观念等方面有自己独到的见解和认识，并将这些特色观念融入到学科建设、人才培养、科学研究与开发、学校管理等诸多方面，从而形成的具有一定优势和个性色彩的学校特色。而专业特色是一个学校在长期的办学过程中形成的有别于其他学校的鲜明的教学风格、独特的教育教学机制与教学模式，它是一个学校专业特殊性的表现，是专业发展的灵魂与法宝。一般来讲，办学特色应该具有三个基本特质，即独特性、卓越性和积累性。独特性体现了一所高校具有明显区别于其他高校的办学特征，卓越性是办学质量高水平的体现，积累性则反映了办学特色形成的过程。因此，专业办学特色是在专业的长期办学过程中不断积累、演化而形成的。专业办学特色的凝练可以从专业的办学思想与理念、专业定位与培养目标（包括知识、能力和价值观）、课程体系、毕业生的表现（教学质量）以及地域特征等方面入手。

华北水利水电大学城乡规划专业办学特色的凝练在 20 年的办学历程中，随着社会经济的发展、城乡规划角色转型以及全国注册城乡规划师执业制度等的实行，学校城乡规划专业培养方案也经历了多次变革，专业定位与培养目标、课程体系等也发生了较大的变化。总体来说，学校城乡规划专业具有以下几个方面的特征。首先，城乡规划专业生源大部分均来自于河南省，基本是省内就业，具有很强的地方性特征；其次，由于有建筑学、景观学等相关专业的支撑，学生的形体规划和图纸表现能力较强。同时长期将规划教育与规划实践紧密结合，培养出的应用型人才尤其受到规划设计部门的欢迎；再次，依托学校以工为主、多学科相互支撑的优势，加强城乡规划相关知识以及政策与法规等方面的内容，在培养方案中注重学科的交叉和相互渗透，扩大学生的知识面，以适应社会需求及注册城乡规划师考试的要求；最后，基于学校长期对于历史文化地段和村落研究的成果，将中原地域文化保护和继承与专业教育结合起来，加强中原古建筑与古村落调研等实践环节，将中原地域文化精神贯穿于人才培养过程中，注重对学生的思想教育与文化熏陶。本书总结了以下四方面的特色：①注重与相关学科的融贯与渗透，构筑科学合理的专业知识基础；②注重专业课程体系建设，形成"两个主线+模块"的体系结构；③注重理论教学与实践紧密结合，提高学生的实践能力；④注重河南地域文化保护和继承与专业教育结合，培养学生综合设计能力。

在此基础上，进一步凝练了专业办学特色：面向基层，突出服务地方；注重实践，突出设计能力；拓展知识，突出专业基础；强化修养，突出综合素质。

（二）面向行业，评估导向，特色凝练

2016年，改革人才培养方案面向城乡规划行业，考虑自身所处的社会背景、自身发展的历史积淀及优势，我们清醒地认识到，城乡规划专业必须以"差异化"发展的思维，分析规划人才需求的空间，有所为，有所不为，用好机遇，错位发展；坚持"特色"发展，做到"以特立足，特中生优"的办学方略，体现优势，持续发展。因此，学校明确提出城乡规划专业必须是应用型复合型人才培养。

城乡规划专业培养目标：培养适应我国经济社会发展和现代化建设需要，德、智、体、美全面发展，掌握城乡规划学科基础理论知识和设计方法，具有一定的设计能力、实践能力、实干和团队精神、创新思维，能够从事城乡设计和村镇规划、开发与管理、研究与教育等工作的专业应用型和管理型人才。

专业特色：以城乡规划学科为基础，以建筑类、地学类学科群为依托，构建地理信息、规划设计、模拟展示的多维平台，强调以中原地域文化为背景的城市设计、具有历史文化氛围地段和村镇发展保护规划的专业方向，培养能够综合分析和解决城镇发展问题的专门应用型人才。

按照全国高等学校城乡规划专业指导委员会人才培养要求，专业紧扣城乡规划原理、城市道路与交通、城乡规划设计基础、城乡规划设计、中外国建筑史、城市建设史、城乡规划调查研究、城市经济学、风景园林规划与设计、区域经济分析与规划、城市环境与生态学、城市基础设施规划、城市政策法规与管理等核心主干课程，完成人才培养方案的修订，制定了符合学校城乡规划学科发展趋势和社会经济发展的要求；突出实践教学，加强实践能力，强调"应用型"人才培养，注重地域性，形成特色的

人才培养方案。在知识与能力结构分析的基础上，调整专业设置结构、改革课程体系、突出实践性教学环节、变革教学模式，构建符合城乡规划办学规律的模式，体现办学特色的专业人才培养体系。

（三）优化培养方案，完善课程体系

人才培养方案优化的目标是加强对学生综合素质和创新能力的培养。在保证全国高等教育城乡规划专业指导委员会的核心课程的前提下，依托"产学研"优势，加强中原地区和城市设计方面的教学，突出本专业的特色。进一步压缩课堂内学时，增加学生动手实践的时间，多开设"创新创业实践课程"，五年的教学总学时从220学时压缩到210学时。以专题、参与竞赛、联合设计、自主选题等形式开设各类实践课程，一方面通过规划设计主干课的综合教学改革推行，另一方面结合大学生城乡规划专业竞赛，真正为学生建立丰富的创新实践环境。在当前激烈的市场竞争中，办有特色的城乡规划专业，从而培养出在一定的地域范围内、在一定的专业领域能引导专业方向，具有社会竞争力的复合应用性城乡规划专门人才，是华北水利水电大学城乡规划专业追求的办学目标。

在规范办学的基础上，以人居环境学科为背景，借助学校风景景观和建筑学的优势学科平台，经过近20年的发展，逐渐形成了华北水利水电大学城乡规划专业特色。构建以培养工程能力和研究能力并重的创新型城乡规划人才培养体系，培养面向我国城镇化快速发展和乡村振兴同步发展中的城乡规划需求，适应新时期快速变化转型形势的本科人才，是目前城乡规划高等教育改革值得探讨的课题。在本专业近年教学改革与实践的基础上，我们进一步优化教学计划和课程体系，未来几年内，在培养方案、教学计划、课程体系、精品课程、教学方式方法、教学质量监督体系、师资队伍、实验室、教材建设、实践能力培养、学生实习基地、国际合作、教学研究和科学研究建设等方面不断优化完善。

四、城乡规划专业人才培养模式构建

城乡规划专业的改革思路和具体做法是根据国家的教育方针和学校的

办学特点，华北水利水电大学城乡规划专业的改革思路和具体做法是，根据国家的教育方针和工科类院校本身的办学特点，结合地方的人才需求，建立面向 21 世纪的教学内容和课程体系，着重培养有创新精神和实践能力的人才，重视个性发展，加强素质教育。立足工科专业的城乡规划专业人才培养模式，通过"厚基础、宽专业、多方向、模块化"为主线的专业课程改革，凸显"就业导向，能力本位，产学合作、工学结合"的办学模式。

作为地方工科类的普通高等学校，由于地域的经济、环境和学校办学条件的影响，我们认为只有在城乡规划专业指导委员会教学计划和城乡规划专业教育质量评估标准的指导下，充分结合国家城乡规划师执业制度的要求，建立一个体现科学性、地方性、适用性的以城乡规划基础课程为主线的课程体系，是学校城乡规划教育发展前提。同时新时期全国国土空间规划构建，中共中央、国务院印发《关于建立国土空间规划体系并监督实施的若干意见》（以下简称《意见》）。《意见》指出，教育部门要研究加强国土空间规划相关学科建设。自然资源部要强化统筹协调工作，同时需要加强专业队伍建设和行业管理。对城乡规划专业人才培养模式提出了新的要求。全国高等学校同济和清华大学的城乡规划教育研讨会中一致认为国土空间规划是城乡规划实践的重要领域，城乡规划学科发展要放眼美丽国土，规划美丽城乡，聚焦美好人居，共筑美好家园。高等教育转型发展具体包括以下几个方面的要求：

（1）要适应新时期多层次多类型人才培养需求。要适应国家不同部门对国土空间规划编制、实施、监督和城乡人居环境建设、管理等多类型高层次人才需求，因势利导地推进城乡规划学科发展，培养新时代卓越规划复合应用型人才。

（2）要以人居环境科学理论为指导。需要创造性地发展城乡规划科学理论与技术方法，加强城乡规划学在国土空间规划领域的实践应用，为国土空间规划提供坚实的学科支撑。加强城乡规划教育在多学科交叉中的人才培养模式引导。以人居环境科学理论为指导构建人才培养模式。

（3）要积极开展国土空间规划知识体系构建。城乡规划专业需要积极开展国土空间规划知识体系建设，促进相应的高等教育城乡规划课程教学改革，鼓励教学过程中的交流与合作，加强学科之间的交叉融合，广泛吸纳学术同道探讨教学中的迫切问题和重大问题，促进城乡规划学更好地满足新时代国土空间规划的知识与技能需求。

（4）持续提升学生综合设计水平，巩固工科工程设计综合能力。城乡规划专业的城乡规划设计能力是基本功，必须继续强化。城乡规划专业的课程依托本学校建筑学和艺术学的优势，加强建筑设计的课程以及风景景观设计能力培养，提高学生综合设计水平。在课程设计上，利用建筑学的师资，大一年级和大二年级设置建筑设计1、2、3、4，加强单体工程和群体建筑设计能力的培养，同时在高年级的设计类课程形成系统性，包括城乡规划与设计1、2的上下共四个设计。另外包括城市设计和风景景观规划设计以及城镇总体规划设计，所有设计课程系统地培养学生综合设计能力。

五、宣传发动，全面理解专业评估意义

高等学校城乡规划专业教育评估的目的是加强国家、行业对城乡规划专业教育的宏观指导和管理，保证和提高城乡规划专业基本教育质量，通过评估不断完善并形成一套城乡规划专业教学计划和课程体系；更好地贯彻教育必须为社会主义建设服务的基本方针；促使学生加深理解城乡规划师的社会作用，以获得合格城乡规划师必需的基本训练，并为在国际上相互承认同等专业的评估结论及相应学历创造条件。从总体上讲，专业教育评估的意义在于促进办学条件的改善，促进学校专业办学水平和教学体系的提高与完善，促进社会对专业教育的参与程度，促进国际间对专业办学水平的了解和相互认可，促进学校专业教学与职业性之间的联系。对于地方院校来说，更应该认识到专业教育评估不仅事关专业的发展，更关系到全校的荣誉。城乡规划专业教育评估对于促进专业建设、提升专业地位、扩大专业影响力等意义更为显著。

六、改进教学方法，创新教学技术手段

针对国内目前规划设计教学内容方面存在案例分析不足的现状，华北水利水电大学城乡规划专业在教学中强调案例教学方法，强调课堂教学与实践教学相结合的教学模式，强调社会调研、城市调研及个体案例调研。实践方法和技能培养贯穿课程教学始终；保证教学活动中合理师生比，实行行之有效的教学帮带辅导，增加了案例的剖析，从实践操作和理论探讨相结合的分析视角，提升学生对专业设计的认识，并启发学生认识、分析和解决问题的能力，注重学生创新精神和创新思维方面的能力培养。华北水利水电大学城乡规划学生在各种专业的交流和专业指导委员会竞赛中取得了不错的成绩，例如2012年由台湾成功大学、同济大学、郑州大学、河南农业大学、河南工业大学和华北水利水电大学六所大学共同参与，围绕"郑州航空港综合实验区"建设开展的城市设计工作坊交流中，华北水利水电大学作品"容器·磁体——城市聚能环"获得第三名的好成绩，并获得1万元新台币的奖励。另外，从用人单位的反馈中也提到华北水利水电大学的毕业生具有较强的动手能力，这些从一个侧面证明了我们多年来坚持保证城乡规划专业核心理论课程的开设的重要性和正确性。另外在全国城乡规划专业指导委员会举办的年会城市设计和城市调研作业竞赛华水城乡规划也屡获佳绩。

华北水利水电大学建筑学院通过搭建数字化教育平台，有力地支撑了案例式、开放式设计教学模式的实施，并为校内外提供了广泛共享的优质教学资源，提高了整体教育水平。2015～2018年建筑学院三年对设计课程作业数字化管理系统、设计教学资源库和摄录系统进行不断完善，使其更好地协助城乡规划教学。城乡规划专业开展了虚拟现实技术与城乡规划实践教学的专项研究工作，借助虚拟现实技术帮助同学们对城乡规划教学中的"住区规划设计"教学中，利用虚拟VR空间环境进行深度体验认知。同时建立并逐步完善了设计的VR资料库，已经在城乡规划专业将此类设备推广至各个专业教室，这也是城乡规划教学中规划设计教学的一种重要特色。

华北水利水电大学建筑学院城乡规划专业改革与实践是在 2017 年建筑学评估背景下，经过近几年的专业改革，坚持以行业为依托，强化产、学、研结合的办学特色，以人才培养为中心作为一切工作的出发点，初步构建多层次、多类型、全方位的创新人才的培养体系，全面提升学生工程素质、实践能力以及创新精神。

第四节　城乡规划特色建设改革方向

一、城乡规划专业建设与改革

（一）以人居环境科学为指导，以大类招生为契机

华北水利水电大学根据国家和经济社会发展需要，提出了大类招生的改革方向。建筑学院的建筑学、城乡规划、风景园林设置齐全后，2016 年建筑类大类招生的改革举措。城乡规划专业作为三个专业中的一个重要分支，也以为该专业人才培养方案的根本性调整。专业特色以人居环境科学为指导，以大类招生为契机，实现一本招生，这一战略性的改革转变为城乡规划专业赢得重要的发展先机。

（二）城乡规划致力于特色建设

城乡规划教育经过近 20 年积累和不断凝练，形成的专业特色建设方向为中原地域建筑文化为引导的设计思路和风格；以水利风景和滨水景观为代表的水文化建设和设计表达；以城市设计和乡村规划特色建设是城乡规划教育发展方向。

（三）与学校水利、土木、水文化等优势平台加强合作

加强与华北水利水电大学水利、土木、资源、环境、经济等优势学科

的密切关系。通过 2017 年建筑学专业评估、科研合作、项目申报、平台建设、人才培养等方式，城乡规划积极与各方加强合作和沟通，打通渠道，共享资源，引进优势资源、师资和信息，开阔眼界，提高办学水平，促进优势科研、培训平台建设和城乡规划专业评估筹备，为未来发展开拓方向。

二、城乡规划课程建设与改革

综合近些年的具体实践经验，课程建设与改革应该主要从以下几方面着手：

（1）结合大类招生，对建筑类专业课程进行革新。建筑大类招生于 2017 级开始执行，人才目标全新，培养方案全新。时间急迫，任务繁多。建筑学院动员全部力量，从人才培养目标出发，从三个专业（建筑学、城乡规划、风景园林）、四个方向（增加城市设计方向）的互相关系入手，对建筑类的培养方案进行了新的设置。对于新方案的执行，也做了详细的安排和部署。新的改革和执行，带来了艰巨的挑战和复杂的管理，也促进了城乡规划专业与不同专业的沟通、交流与合作。

（2）强化设计类课程的过程控制。根据设计类课程小班多教师授课的实际状况，建设城乡规划专业课程组，设立课程组长，在开课之前，对课程进行统一协商和安排。明确进程和成果要求。开课时尝试统一授课，中间进行公开评图和班级交流。严格执行设计类数字作业平台上传时间节点规定，保障进度。对最终成果的精度、容量等数据也进行了详细设置。实现了设计类课程从源头到过程，再到结果的完整控制链。

（3）建设城乡规划大基础平台，强化"厚基础、宽口径"的城乡规划人才培养特色。在学院的建筑类专业的培养方案中，明确了以建筑设计为基础，包含三个专业四个方向专业素质的方针和导向。在大一年级和大二年级的专业课程中，统一设置，共同培养。既强调以建筑设计为基础的设计意识和技能的培养，也将不同专业、方向的差异化要求融入其中。这种"统中有分"的内容和目标设置，为学生提供了扎实的设计基础，也为中高年级的专业分流和未来的专业融合、合作，提供了必要的知识和技能因素。

（4）形成城乡规划特色课程，培育精品课程。在原有特色课程的基础上，通过团队建设进行强化和提升。结合教研室和年级组建设，集思广益，形成合力，鼓励建设和申报各级精品课程。"城镇总体规划"已经在2017年开始校级精品课程建设。

（5）强化"体验式"特色教学。在城乡规划低年级教学中，引入"影像分析"等手段，借助照片和视频拍摄，启发学生的感知能力培养。在课程设计和学科竞赛中，要求学生制作各类模型，突出动手能力和建构能力的建设，通过评比和竞赛，形成竞争和推动。通过实习、竞赛和工作坊等形式，提高师生追踪学科发展和解决实际问题的能力，促进师生进入学术和设计的真实氛围中，用各种方式和不同尺度，去体验、落实、验证自己的设计思路和关注对象，增强学生对于设计、研究及相关问题的接触深度。

三、特色定位

城乡规划专业的特色凝练和特色定位：

（1）注重与相关学科土地、地理、环境等学科的融贯与渗透，构筑科学合理的专业知识基础。

（2）注重专业课程体系建设，形成"两个主线+模块"的体系结构。

（3）注重理论教学与实践紧密结合，提高学生的实践能力。

（4）注重河南地域文化保护和继承与专业教育结合，培养学生综合设计能力。

在此基础上，进一步凝练了专业办学特色：面向基层，突出服务地方；注重实践，突出设计能力；拓展知识，突出专业基础；强化修养，突出综合素质。城市规划实践课程教学环节创新主要从"人居环境模型制作"和"城市综合调查研究"两门课程实现教学创新。城乡规划不是孤立存在的课程体系，需要各个相近专业的共同支撑，教学改革就是在城乡规划实践课程教学中强化城乡规划与相近专业融贯的理念，培养全面发展的设计人才，同时在实践教学中，转变实践教学的教学思路，教即是学，重塑教师角色。

四、推广价值

本书旨在建立符合 21 世纪我国城乡规划专业高等教育规律要求的教学体系，经过多年的教学实践，围绕"城乡规划专业实践课程创新"的主线所构建的"以学生为主体、强化学生交流、引入室外展评、设计师专题讲座"的应用型城乡规划专业实践课程教学培养模式，专业已形成自己的特色，课堂教学得到学生的欢迎，激发了学生的学习热情；通过本教材的培养，为学生打下了坚实的城乡规划设计基础，不但赢得同行教学组老师同行的认可，也使学生毕业后得到社会的认可。反思与不足：

（1）城乡规划专业的师资队伍高级职称缺乏是专业评估一个重大问题。

（2）城乡规划专业城市设计方向和城乡规划方向培养特色衔接。

（3）按照专业评估要求，学院的师生比必须为 $1:12 \sim 1:8$ 才能满足评估要求，本专业的师资紧缺，需要引进高水平的师资。

总之，在地方本科学校城乡规划专业特色建设中，城乡规划教育既要把握住专业发展的大方向，又要根据自身的条件、优势和对人才市场的分析办出特色。基于专业评估的城乡规划特色建设的研究，目的在于提高专业建设的水平。华北水利水电大学城乡规划高等教育目前正按城乡规划专业评估标准，不断深入完善，并适应国家大类招生和全国空间规划层面进行调整，努力创立一套具有地域特色的城乡规划专业本科教育的教学体系与方法。

第三章 人才培养体系创新研究

第一节 研究背景

21 世纪以来，持续快速的市场经济发展和大数据时代到来，使我国城市建设速度不断加快、规模空前。面对这种跨世纪的机遇和挑战，作为城市建设的龙头专业，城乡规划专业如何适应社会与地域的发展，合理培养城乡规划专业人才，成为当前众多高校的重要研究课题。

人才培养计划是一所学校办学思想和办学理念的集中体现，是实现人才培养目标的总体实施方案。如何根据职业岗位对知识与能力的要求来构建课程体系？本书以工科类院校华北水利水电大学为例，就调整专业设置结构、改革课程体系、突出实践性教学环节、变革教学模式，构建符合城乡规划（城市规划）办学规律的模式，体现办学特色的专业人才培养体系等展开探讨。

一、面临的挑战与机遇

（1）21 世纪，中国将进入城市化的快速发展期。城市化的基本动力是经济的发展，它是和我国工业化的进程相适应的，而与西方发达国家已处于后工业化社会、后城市化时期有着重大的区别。中国的城市在数量上和质量上都将有巨大的发展，并将进行大量的城市基础设施建设。因此，城乡规划人才的培养必须适应中国城市建设发展阶段提出的基本要求，要培养满足技术研究和技术管理岗位的人才，城乡规划（城市规划）专业课程体系必须在现有的基础上进行改革和完善。

（2）随着我国向市场经济转轨，城市建设投资主体的多元化、利益集团的复杂化，要求城乡规划必须在更大范围内进行综合和协调，必须为城市的经济、社会、发展服务，贯彻可持续发展的战略。因此，城乡规划（城市规划）的专业人才应掌握经济、社会、环境、建筑、市政工程等多方面的知识，具备城乡规划与开发、规划设计和管理、城乡规划（城市规划）和法律法规等方面的综合能力。

（3）21世纪，中国将达到中等发达国家水平，在中国实现工业化的同时，信息社会必然同时到来。在经济逐渐走向全球一体化的历史背景下，城乡规划必须摆脱就城市论城市的状况，需要在更大范围内研究城市发展的区域背景、条件、地位、关系等，学会从区域宏观角度思考城市发展的战略和战术，并善于在空间上做出布置和安排。

（4）根据城乡规划和建设的经验总结，城市发展是一个动态的过程，而城乡规划和设计基本上是一张静态的设计蓝图，面对千变万化的实际状况，我们除了要研究如何改进规划设计本身的模式，重要重视培养城乡规划人才使其具备城乡规划技术行政管理、法律、法规方面的知识，提高其参与城乡规划管理的意识更是不容忽视的重要方面。

在准确把握城乡规划专业改革与发展趋势的前提下，从城乡规划学科系统性强、各学科知识交叉、综合应用和实践性强等特点出发，面对21世纪我国城市现代化建设对具备本学科专业综合素质的多元复合人才的市场需求，本书准确把握高速城镇化的社会经济发展需求，结合华北水利水电大学城乡规划专业开展了创新人才培养教学体系研究。

二、研究的必要性

随着中国高速城镇化和乡村振兴战略的推进，城乡规划作为全国城乡建设的重要支撑，如何适应社会与地域的发展，合理培养城乡规划（城市规划）专业人才成为当前众多高校高等教育的重要研究课题。

人才培养教学体系是学校办学思想和办学理念的集中体现，是实现人才培养目标的总体实施方案。自 2006 年成立以来，华北水利水电大学建筑学院积极探索城乡规划专业人才培养模式，通过以"厚基础、宽专业、多方向、模块化"为主线的专业课程改革，凸显"就业导向、能力本位、产学合作、工学结合"的办学模式，根据各专业面向的职业岗位对知识与能力的要求来构建课程体系。在知识与能力结构分析的基础上，调整专业设置结构、改革课程体系、突出实践性教学环节、变革教学模式，构建符合城乡规划办学规律的模式和体现办学特色的专业人才培养体系。

三、人才培养研究的内容

基于中国城镇化的快速发展，高校城乡规划人才培养改革成为重要的研究课题，本书结合华北水利水电大学城乡规划专业的教学改革，针对城乡规划（城市规划）专业存在的问题，从学年设置、人才定位、课程体系改革和教学体系实施策略等方面进行研究和探讨。

第二节　城乡规划培养目标和培养规格

一、培养目标

城乡规划专业主要培养适应国家城乡建设发展需要，具备坚实的城乡规划设计基础知识与应用实践能力，富有社会责任感、团队精神和创新思维，具有可持续发展和文化传承理念，主要在专业规划编制单位、管理机关、大专院校和科研机构从事城乡规划设计、开发与管理、教学与研究等工作的高级专门人才。

二、培养规格

城乡规划专业学生主要学习城乡规划的基本知识与基础理论、接受城乡规划的原理、程序、方法以及设计表达等方面的基本训练，具备处理城乡发展与自然环境、社会环境、历史遗产之间复杂关系的基本能力，并具有从事城乡规划设计和城乡规划管理工作的基本素质。

（一）基本素质

具备高尚的职业道德素养和正确的价值观、扎实的自然科学和人文社会科学基础、良好的专业素质、人文修养和身心素质；具备国际视野、现代意识和健康的人际交往意识。

（二）知识结构

1. 人文社会科学基础知识

了解逻辑学、辩证法、经济制度和法制制度的基本知识；具备基本的自然科学知识，包括环境保护、应用数学等本专业相关的必备知识，掌握外语和计算机技术应用等。

2. 专业理论知识

掌握城乡规划与设计的概念、原理和方法；熟悉城市发展与规划历史、城市更新与保护的理论和方法；熟悉城乡建设空间形态、美学、设计技法等一般知识；掌握城乡可持续发展技术的基础知识；掌握区域分析与规划的理论与方法；熟悉城乡规划设计与表达方法；掌握相关调查研究与综合表达方法与技能；熟悉城乡规划编制与管理的法规、技术标准等；掌握城乡道路与交通系统规划的基本知识与方法；了解城乡市政工程设施系统规划基本知识与技能。

3. 相关知识

熟悉社会经济、建筑与土木工程、景观环境工程、规划技术、规划专题等方面的一般知识和理论及其在城乡规划中的应用。

（三）能力结构

1. 前瞻预测能力

具有对城乡发展历史规律的洞察能力，具备预测社会未来发展趋势的基本能力，以支撑开展城乡未来健康发展的前瞻性思考。

2. 综合思考能力

能够将城乡各个系统综合理解为一个整体，同时了解在此整体中各系统的相互依存关系，能够打破地域、阶层和文化的制约，形成区域整体的发展愿景。

3. 专业分析能力

掌握城乡发展现状剖析的内容和方法，能够运用预测方法对规划对象的未来需求和影响进行分析推演，发现问题和特征，并提出规划建议。

4. 公正处理能力

能够在分析备选方案时考虑不同群体受到的影响，尤其是对社会弱势群体利益的影响，并寻求成本和收益的公平分配。

5. 共识建构能力

能够考虑不同利益群体的不同需求，广泛听取意见，并在此基础上达成共识，解决城乡社会矛盾，实现和谐发展。

6. 协同创新能力

通过新的思路和方法，拓宽视野，解决规划设计与管理中的难题与挑战。

三、原有城乡规划（城市规划）专业培养计划存在的问题

1. 根据专业设置的需求

根据城乡规划（城市规划）专业指导委员的城乡规划（城市规划）专业评估要求，达到城乡规划（城市规划）本科专业培养评估要求的培养计划是五年，而华北水利水电大学 2000 年设置城乡规划（城市规划）专业时，由于新兴专业师资力量缺乏等原因，培养计划将设置成了四年制。在调查国内外设置同类专业的知名学校如清华大学、天津大学、西安建筑科技大学、同济大学、华南理工大学等学科设置后，根据学科专业发展，必须对课程教学计划进行调整。

2. 根据社会发展需求

城市建设近年来获得了突飞猛进的发展，全社会对城市问题都给予了极大的关注，然而城乡规划专门人才却极为稀缺。城乡规划（城市规划）

师即是以城市为研究和工作对象的专业工作者，在城市建设和管理工作中发挥着巨大的主导作用。因此，在教学体制上，应根据社会经济和人城市建设的发展需求，设置对应新的城乡规划学一级学科专业的要求。但现有的城乡规划（城市规划）专业课程体系存在的主要问题有以下几个方面：

（1）没有考虑环境保护、生态保护等交叉学科知识的培养，生态环境、土地利用等相关知识的培养不足。

（2）过于重视建筑工程技术能力培养，没有考虑经济、区域、人文社会综合人文学科知识培养。

（3）缺乏乡村自然、社会、经济等方面理论知识。学科发展长期以来都以城市的规划与设计为对象，不仅导致乡村理论研究十分薄弱，而且人才培养也局限于城市的发展与建设。目前的新农村规划与建设就是在沿用城乡规划（城市规划）与设计的方法和思想。

第三节　城乡规划创新人才培养教学体系的建构

一、人才培养模式的指导思想

城乡规划是一个多学科融合的专业。要求学生熟悉和掌握城市科学、建筑科学、人文科学、经济学、工程科学等，同时具备较强的形象思维与逻辑的思维能力。高校扩招以后，高等教育的教学模式已经由原来的精英教育转向大众教育。应该看到，随着社会的发展和专业分工的细化，市场对人才的需求类型会越来越多样化，同样具有城乡规划（城市规划）教育背景的学生，在工作中会有各种各样的专业侧重，有时甚至差别很大。与多样化的社会需求相比，本科专业设置显得过于笼统，但限于教育资源配置计划和专业工作对人员知识结构的要求，不可能再将城乡规划本科专业细分。因此，应该在城乡规划专业教学计划的大框架下，在学校的大平台下，依托设计和理论两条主线，针对学生自身特点和当前社会需求，扩大选修比例，分层次、分类别地进行人才培养。

二、人才培养的基本目标

本专业培养具备坚实的城乡规划设计基础理论知识与应用实践能力，具有社会责任感、团队精神、创新思维和可持续发展理念，尊重地方历史文化，能在专业规划设计机构、管理机构、研究机构从事城乡规划设计及相关的开发和管理、研究与教育等工作的高素质应用型人才。

三、专业定位

毕业生适合在政府城乡规划主管部门从事规划管理工作；在城乡规划（城市规划）、工程设计及研究机构从事城乡规划（城市规划）、区域规划、工程规划、设计及研究工作；在政府的综合经济、国土、建设、环保等部门、城市开发和市场服务机构及大型企业从事决策研究、项目策划、工程咨询、运营及管理工作；在高等院校从事教学和研究工作。

四、培养要求

本专业毕业生应掌握城乡规划的基本原理和方法，接受城乡规划的原理、程序、方法以及设计表达等方面的基本训练，掌握处理城乡规划与自然环境、社会环境、历史遗产的相互关系的能力，并具备将这些关系表现在规划设计上的基本能力；具有较强的综合分析和解决城乡问题的能力，掌握城乡规划的相关法规和技术规范，具备城乡规划管理的基本能力；基本掌握一门外语，具备阅读本专业外文资料的能力；掌握计算机基本知识，具备较强的计算机辅助设计能力。

立足中原地区发展，全面培养城乡规划设计、管理类高素质应用型人才。

（1）具有高尚的职业道德素养和正确的价值观，具有较扎实的自然科学基础，较好的人文社会科学素养和外语语言综合能力。

（2）具有调查分析和研究能力、规划编制和管理能力、规划设计与创新能力、交往沟通与表达能力。

（3）具有外语应用能力和计算机应用能力。

（4）具有自主学习和职业发展的能力。

（5）熟悉有关城乡规划的方针、政策和法规。

（6）了解我国城乡规划学科的理论前沿以及应用前景，了解行业的需求。

（7）具有一定的科学研究和实际工作能力，具有一定的批判性思维能力。

五、课程体系构建

作为地方工科类的普通高等学校，受地域经济、环境和学校办学条件的影响，笔者认为在城乡规划专业指导委员会教学计划和城乡规划专业教育质量评估标准的指导下，充分结合国家城乡规划（城市规划）师执业制度的要求，建立一个体现科学性、地方性、适用性的，以城乡规划基础课程为主线的课程体系，是城乡规划教育发展的前提。

考虑学校及建筑学院教学体制的实际情况，分类培养目前仍需以学年为基础，在适当的时机逐步打破学年划分。按照"一条主线、三个平台"的模式进行修订，"一条主线"是指整个五年的课程体系，"三个平台"分别为城乡规划（城市规划）骨干理论体系、城市设计类相关课程、城乡规划（城市规划）相关知识的理论构建。

城乡规划专业课程体系是指为实现人才培养目标，满足专业培养基本要求，体现人才培养模式及办学特色而设置的课程框架。课程体系的优化是一个异常复杂的系统工程，它包括学时的控制、通识教育内容的选择等，并要考虑专业基础及专门化教育内容的比重关系、不同方向课程所占比重、理论讲授与实践教学及技能训练学时的分配等，会对毕业生的理论知识、专业技能及综合素质产生直接影响。课题组主要分析探讨专业核心理论课、相关知识课程、实践性教学环节、选修课设置对应用型人才培养的影响。

（一）依据专业指导委员会及相关高校的设置调整四年制为五年制

2000 年，华北水利水电大学申报新专业时，由于师资和办学经验等原因，城乡规划专业的学制设置为四年。四年制的城市规划专业对毕业生在考研和就业方面明显培养不足，压缩了应该学的课时，尤其是很多设计类课程和人文课程少开或者不开，对该专业学生的后期发展形成了瓶颈。因此，在按照国家专业指导委员会的相关要求和参考相关学校培养计划的基础上，华北水利水电大学城乡规划专业的学制由四年制调整为五年制，从 2013 年秋季开始招生。参考依据有以下四点：

（1）国务院学位委员会、建设部教育司组织制定的城乡规划（城市规划）专业本科五年制教育培养目标和基本规格。

（2）全国注册规划师考试大纲。

（3）国内其他著名建筑院校的城乡规划（城市规划）教学大纲，如西安建筑科技大学、浙江大学、华南理工大学、同济大学、郑州大学等。

（4）社会与国民经济发展对本专业的要求。

（二）保证专业核心理论课程的开设，促进专业教育与职业实践的衔接

自 20 世纪 60 年代以来，西方城乡规划（城市规划）的核心领域逐渐出现了转型，设计和工程学科的主导地位受到动摇，社会、经济、政治和环境生态学的思想对城乡规划（城市规划）产生了重大的影响。目前西方的规划院校普遍面临生源质量和数量都下降的状况，不得不依靠国际学生特别是亚洲学生来维持适当的规模。城乡规划（城市规划）专业的很多系、所在不断缩小。欧美的城乡规划（城市规划）专业经过了七八十年代的社会学和经济学的学术拓展后，反而面临窘境。为了保留城乡规划的核心概念，为了保证教育与实际工作的衔接，为了使学生日后能够适应城乡规划职业需求，中国的城乡规划教育在逐步与西方接轨的同时，必须重视并保证城乡规划专业核心理论课程的开设。

中国城乡规划专业指导委员会于 2004 年编写出版了《全国高等学校

城乡规划专业本科教育培养目标和培养方案及主干课程教学基本要求》，为各高校的专业办学及课程设置给予了指导。其中城乡规划专业的核心课程有11大类：城乡规划原理、城市道路与交通、城市工程系统规划、控规与综合性城市设计、城市经济学与城市开发、城市设计概论与历史文化保护、城市总体规划、城市地理学与城市社会学、区域经济与区域规划、城市生态与环境保护、城市政策分析与管理法规。

另外，教育部专业调整公布的课程体系"示范案例三"中的核心课程有：建筑设计基础（160学时）、建筑设计原理（32学时）、建筑设计（304学时）、城乡规划（城市规划）概论与原理（96学时）、城乡规划（城市规划）设计基础（128学时）、城乡规划（城市规划）设计（296学时）、中外建筑史（48学时）、城市建筑史（48学时）、城市道路与交通（48学时）、城乡规划（城市规划）调查研究（40学时）、城市经济学（32学时）、风景园林规划与设计（64学时）、区域经济分析与规划（32学时）、城市环境与生态学（32学时）、城市基础设施规划（32学时）、城市政策法规与管理（32学时）。

依据上述参考及建筑学院城乡规划（城市规划）专业的现状，在新修订的人才培养方案中设置以下课程为核心课程：城乡规划（城市规划）概论（32学时）、城乡规划（城市规划）原理（64学时）、中外城市建设史（64学时）、建筑设计基础（64学时）、城市环境与城市生态学（32学时）、城市经济学（32学时）、城市道路与交通（64学时）、城乡规划（城市规划）管理与法规（32学时）、城市地理学（32学时）、四个建筑设计（合计256学时）、城市总体规划设计（64学时）、详细规划设计（192学时）、风景园林规划与设计（64学时）、控规与综合性城市设计（64学时）、城市设计（64学时）。

（三）加强相关知识课程的开设，强化学科构成的多元化

经济学、公共管理学、社会学、政治学等是现代城乡规划（城市规划）的支撑体系，学科构成的多元化是城乡规划（城市规划）教育发展的必然潮流，也是使培养的学生能够满足社会对规划师职业一专多能需求的重要途径。专业核心理论知识与专业相关知识是树木的根与枝的关系，有了坚实的根部，树木才有生存的可能；有了发育的枝杈，树木才有向空间生长的条件。

因而，在保证城乡规划专业核心理论课程开设的基础上，应加强城市生态、城市环境、城市公共政策、城市社会、城市土地、城市地理等相关知识课程的开设，强化学科构成的多元化，拓宽学生的知识面，培养能满足多元化社会需求的城乡规划人才，以适应规划师执业时的综合性要求。中国城乡规划专业指导委员会在编写出版的《全国高等学校城乡规划专业本科教育培养目标和培养方案及主干课程教学基本要求》中，对相关知识的课程设置也给予了指导，各高校可依据学校的办学背景及具体特点，相应地开设一些城市生态、城市社会、城市土地、城市地理等方面的课程。华北水利水电大学根据应用型人才培养目标定位，在五年制课程体系调整方案中，开设了城市地理学、城市社会学、城市环境与城市生态、城市地理信息系统、环境心理学等课程，使学生具备多元化的知识背景，因而具有较强的社会适应能力，从而使华北水利水电大学一直保持较高的就业率。

（四）强化实践性教学环节，提高学生的专业技能

较强的职业实践能力是城乡规划专业应用型人才的突出特征之一，而强化实践性教学环节是培养学生职业实践能力的重要方式。城乡规划（城市规划）专业的实践性教学环节包括课程设计、毕业设计、城市与建筑认识实习、综合社会实践、规划设计实习、城市管理实习及毕业实习等。为了提高实践性教学环节的教学效果，首先，保证实践性教学环节的学时不少于总学时的30%；其次，制定科学合理的课程设计、毕业设计任务书和各类实习指导书，使学生的设计和实习能够做到目的明确、有章可循。各门课程设计和各类实习及毕业设计根据知识学习的先后顺序，注意循序渐进合理安排，使学生的实践能力逐步提高。实践教学环节的组织一方面应建立稳定的实习基地，保证实践性教学环节的正常进行及实践教学的质量；另一方面应结合教师的科研课题，使学生能够真题真做，师生共同参与从现场调研到分析问题、解决问题的每一个环节，这样不但可以使教师的教学实践能力得到锻炼和提升，而且还可以提高学生的专业技能，为培养学生的实践动手能力提供良好的校内实践环境和平台。

2015 年版培养计划的主要实践环节有军训、素描实习、色彩实习、城乡认识调查、测绘实习、计算机辅助设计实习、居住区调查实习、快速设计周、模型制作、城乡总体规划实践、生产实习（规划师业务管理实习）、毕业设计等。2016~2019 年培养计划有动态调整，又增加了城市空间环境认知实习等。

六、课程体系的特点

城乡规划专业原有培养计划侧重工科通用模式，操作简便，有利于学校统一管理、核查。但是，这与城乡规划专业的培养特点存在明显的不协调性，导致学生在城乡规划设计技能训练过程中，无论是时长、深度、强度还是频度都存在明显不足，与城乡规划专业办学要求和教学规律有显著差距。在与省内外兄弟院校的学习交流中，我们通过对比，找出了在培养计划还是学科知识架构中存在的缺陷，明确了以先进专业教育高校为基准、强化自身特色做法、增强对市场需求和学科发展适应能力、保证合格率为主与培育突出才俊相结合的整体思路。以满足城乡规划专业国家评估为指针、以满足同行评价为体现，将所有课程和培养环节重新筛选、合理布置、落实目标和要求，从而为城乡规划专业培养体系的维持和发展提供可持续保障。

在教学体系的建构中，我们采用"一条主线，三个平台"的模式，不仅注重规划骨干理论课程的设置，突出规划设计类课程的地位，而且强调城乡规划相关知识的拓展，结合全国注册规划师的相关知识要求，将城乡规划实务、城乡规划（城市规划）相关知识、城乡规划法规等考试科目内容融入城乡规划（城市规划）的专业课程体系中。学校城乡规划专业的学生不仅学习城乡规划（城市规划）、城市交通和市政工程规划、城市景观园林规划、区域规划等方面的基础理论和基本知识，接受城乡规划设计等基本训练，同时还有旅游规划等的学习，最终达到具有综合新农村规划设计、旅游规划设计、建筑设计、城乡规划（城市规划）综合能力的复合人才培养目的。

学校城乡规划专业人才培养教育内容及知识结构总体设计继续实施

"平台+模块"模式，依托学校构建的公共大平台模块的基础，其创新人才培养课程体系有以下几个方面的特色：

(1) 应用型人才定位。

(2) 体现建筑设计的基础。

(3) 与环境设计、国土空间规划相互结合。

(4) 注重城市设计能力的培养。

(5) 强调实践性教学环节对学生专业综合能力的培养。

第四节　创新人才培养教学体系的实施策略

专业的改革思路和具体做法是，根据国家的教育方针和学校的办学特点，结合地方的人才需求，建立面向21世纪的教学内容和课程体系，着重培养有创新精神和实践能力的人才，重视个性发展，加强素质教育。

人才培养模式的改革与定位必须符合学校办学指导思想、人才培养目标定位和社会经济发展对人才的客观需求。

城市规划人才培养模式改革的思路是，立足河南，面向全国，适应当前经济社会对从事城市、乡镇、村庄规划设计，建筑工程设计，水利工程设计，水利景观设计，并具有一定管理能力和自我发展潜力的复合型人才的需求。在专业建设、培养模式、管理方式等方面继承传统工科的严谨性，同时又吸收设计院校和国外合作院校的经验。逐步形成有特色、重创新的独立办学模式。以学科建设为导向，以本科教育为中心，拓宽专业面，多元发展，和而不同，积极寻求创新，不断总结经验，调整人才培养模式，适应市场要求。同时为地方经济发展服务，产学全程结合，紧跟社会发展步伐，培养具有创新意识，掌握最新规划设计、技术及其管理等知识的，基础扎实、能力强、素质高，懂技术、会管理、善经营，具有创新精神的一专多能复合应用型工科人才。适应生产、建设、管理、服务第一线需要的。

2016年之后城乡规划专业人才培养调整思路：以复合型人才培养为基

础，为市场就业需求和研究型人才培养输送高素质和实用性的人才。以华北水利水电大学工科背景优势，发挥工科、土木、管理学、人文学等多学科对规划专业的支撑作用，开设广泛的通识性基础理论课程，实现"厚基础、宽口径"的本科人才培养模式。

人才定位目标是：以人居环境学科为基础，结合社会需求与学科发展，拓展学科领域，增加滨水景观设计方向、城镇规划设计等方向，实现"平台+模块"的学科方向培养构建。以规划设计与表达能力为基础，结合新技术、新方法，新手段，提升专业能力水平，加强创新能力和学习自主能力、操作能力等相关拓展能力的培养。

教学模式改革主要体现在四个阶段和环节：第一，低年级加强对专业基本学习方法的培养和意识的导入。第二，中年级加强课程的衔接和匹配。第三，高年级注重工程技术综合能力的培养和多向度、差异化的人才培养方向。第四，加强各实践环节对设计和专业工作的认知和把握作用。

在城乡规划人才培养计划中，课程体系将所有课程和培养环节划分为不可或缺且互相作用的六大板块，即相关类、技术类、设计类、技能类、素质类、开放类板块。根据课程和环节的属性、关联性、接受顺序、在学科结构中的位置，将其分别纳入相应板块。这样安排既有利于学生认知和把握，也便于课程安排、师资队伍建设、教学管理和学科发展，培养计划也得到了具体量化和细分，对于各部分之间的分量、权重、比例和关系，也更容易分析、控制和调整，增加了日常运行的可操作性和今后进一步改革和调整的便利性。同时注意在培养计划中引入开放性和弹性因素，可为今后的进一步调整和改进打下基础，使其具有可持续性和连续性。

基本技能与综合意识的结合将构成一个扁平的、多向度可能的能力结构。它既有针对绝大多数毕业生的可能性和针对性，也能为少数优势分子的突破奠定些许因子。

经过多年来的尝试和实践，华北水利水电大学城乡规划专业逐渐形成了自己的培养特点。从不同设计院反馈的层面来看，多数的毕业生得到了用户单位的如下评价：工作态度积极、认真踏实、进入状态快、上手能力强。能坐得住、耐得住寂寞、工作上靠得住。

一、拓宽专业口径，满足专业评估和职业资格要求

城乡规划专业除了城镇总体规划、详细规划专业方向外，还应该增加滨水景观规划专业方向。应本着"宽口径、厚基础"的原则，扩展专业领域，强化专业基础，调整课程结构，完善课程内容，增强学生的社会适应能力；在教学方案、专业教育广度和深度上进行开拓与发展，以期达到"知识结构合理、实践能力提高、基础宽实、自我发展"的人才培养目标。由此，我们遵循由浅入深、循序渐进的培养思路，建构了网络式多元并行的教学培养方案。

另外，根据全国高等学校城乡规划专业指导委员会的规定，华北水利水电大学设置了城乡规划专业的核心课程及必要的实践教学环节，以适应未来城乡规划专业指导委员会对城乡规划专业的评估。2000年以来，注册城乡规划（城市规划）师制度的出台，进一步明确了一个合格的注册城乡规划师所应具备的知识与能力。基于此，我们在城乡规划专业人才的培养模式和教学内容上考虑与之相协调、接轨，为学生打下坚实的基础，以适应职业资格认定的需要。

二、优化课程体系，推行"平台+模块"的课程体系

城乡规划专业的专业课及专业基础课程的作业，既是连续性的又是繁重的再加上五年的课程压缩到四年完成，因此学生单凭课上的时间不可能完成设计，熬夜是最自然不过的事情。因此专业人才培养时间调整五年势在必行。调整四年制城乡规划教学计划为五年制，参考同类院校和学校的教学计划，总学分调控不超过220学分。

城乡规划作为一门独立的学科，在课程体系设置上应有明确的思路。因此，提出以城乡规划（城市规划）系列课程为主线，构筑"平台+模块"的课程体系，三个平台为：通识教育平台、专业教育平台和综合教育平台。其中通识教育平台包括人文社会科学、自然科学、计算机信息技术、军事体育和实践训练等5个模块，专业教育平台包括学科基础、专业

基础、专业方向和专业实践教学等 4 个模块，综合教育包括思想教育、科技文化创新活动、社会实践等 3 个模块。课程结构分必修课和选修课两大类。其中必修课包含公共基础课、学科基础课、专业基础课和实践教学；选修课包含专业限定选修课、专业（非限定）任意选修课和素质类选修课。（见附件Ⅰ城乡规划专业教学计划）

（1）公共基础课程。以学科基础教育为核心，结合思想政治、身体与心理素质等基础课程。

（2）专业基础课程。由城乡规划（城市规划）专业指导委员会确定的八门核心课程及必要的主干课程。

（3）专业方向课程模块。为体现学校办学特色，可以增加多方向的选修课程，扩充专业能力的延展性，满足学生不同层次的需求；课程选择可以是建筑、测量遥感等，专业方向课程，如区域规划、总体规划、详细规划、城市设计、景观规划、城乡规划新技术、城市生态学等。

在课程体系设置中还应发挥学校办学优势，围绕城乡规划，加强经济、社会、文化的拓展，同时结合地域特点，在吸取共性理论和经验的同时，强化特色课程。多学科交叉理论包括城市社会学、城市地理学、城市经济学等内容。各种理论课程与课程设计进程统一安排，注意理论与设计、实践的紧密结合，培养学生形象思维、抽象思维和综合思维的能力。

三、突出专业特色，紧抓设计能力培养的主线

城乡规划设计课程是一系列实践性很强的教学环节，只有与工程实践紧密结合，才能真正提高解决实际问题的综合能力。不同课程应采用不同的结合方法，详细规划设计和城市设计课程以模拟真题或"真题假做"为主，并在教学中安排一定量的实践环节；而总体规划设计和毕业设计课程则以实际工程的真题为主，并对真实课题加以适当改造，以符合教学要求和进度安排。为了与工程紧密结合，应该对课题联系与选取、内容改造、进度安排、学生实践的时间保证、合作设计的成果要求、成绩评定等都有详细规定和具体安排，教学内容强调与工程实践的结合，教学方法和工程强调实际问题的解决，做到实践环节贯穿整个教学过程并与理论教学互补

并进。

在专业设计类课程中，坚持课程设计内容与实际的城乡规划设计实践相互结合，使学生在学校内的专业学习过程中就可以了解到社会的最新专业动态。同时，还根据城乡规划实践的发展，设置各类综合实践环节，包括城乡规划师实习等。

四、重视地域自然和人文特点，突出水利和地方特色

华北水利水电大学地处中原地区，该区地域广阔，历史悠久，文化积淀深厚，尤其是城市发展更有悠久的历史。中原地区是我国古代文明的发源地，也是城市和城市群最早萌芽和形成的地区之一。中原地区交通四通八达、农业基础发达、人口分布集中。历史上中原地区曾作为我国的政治和经济中心，是城市建设的较佳地区，且各城市的渊源相同，习俗相近。因此，在课程建设中，应紧密结合中原地域特点，在努力汲取城乡规划的共性理论和经验的同时，突出地方特色，加强学生对中原社会、经济、文化和生态等内容的学习，并将其贯穿于专业教学的系列课程和多个环节，丰富和充实城乡规划的理论和经验。要完成城乡规划专业培养模式的改革，除了教学计划、课程体系等工作外，同时可以结合华北水院水利工程方面优势学科的特长，开展比较热门的滨水景观设计、景观生态环境设计、旅游景区规划、环境设计规划等设计课程内容，以实现华北水利水电大学城乡规划专业人才培养目标。

五、加强实践教学环节，提高实践教学质量

城乡规划教育是实践性较强的行业。在实践环节，应结合课程设计和理论教育总体进程，在每学年的短学期或课程设计过程之中，进行多项认知实习内容，加强课内教学实践，大幅度增加实践环节，特别是重要的规划课程都安排了课程设计。打破课堂中心论，强调现场教学，如城乡规划（城市规划）认识实习采用边参观边讲解，城乡规划（城市规划）管理课程安排生产实习，如结合建筑设计，安排建筑认知实习；结合详细规划，

安排相应的城市认知实习；结合毕业设计和总体规划，安排专项和综合的社会经济和环境综合调查等，毕业设计和部分课程设计将采用真题真做，学生在教师的指导下深入工程实际环境，及时、有效地参与经济建设，同时扩大技术市场，筹措资金，以此开辟一条面向经济建设、产学结合、技术创收的办学道路。

教学中首先要加强实习基地的建设，在积极与社会、行业及企事业单位合作，确保学生实习和毕业实习能与社会实践紧密结合。在教学实验中，为避免教学和实践环节脱节，应积极采取措施鼓励教师直接参与实验的开发和指导；在师资队伍建设中聘用有丰富工程实践经验或双师型教师担任实践教学环节的工作。

第五节　人才培养专业特色凝练

总之，在制订城乡规划（城市规划）专业课程体系培养方案时，既要把握住专业发展的大方向，又要根据自身的条件、优势和对人才市场的分析办出特色。在四年制调整为五年制城乡规划（城市规划）专业人才培养及课程体系整体优化的研究中，建设的目标确定为进一步加强课程体系的系统性，在明确各教学环节作用的基础上强调综合教学效果，目的在于提高学生专业综合能力。华北水利水电大学城乡规划专业目前正按照2011年全国高等学校城乡规划专业本科教育培养目标和培养方案的要求，不断深入完善，努力创立一套具有地域特色的城乡规划专业本科教育的教学体系与方法。

一、建设方案

（一）基于市场需求的人才培养定位

基于市场需求，结合华北水利水电大学办学条件，城乡规划专业提出水平适中、覆盖多数而又包孕发展可能的人才培养定位目标。即以"应用型高级专门人才"为基础、以"卓越工程师"为提升的办学目标和培养层次定位。对绝大部分同学而言，成为实干型人才而非"规划大师"才是需要实现的目标。基于此，华北水利水电大学城乡规划专业人才培养定位为培养"实干型"的人才。

（二）设计类课程阶段化教学

针对不同年级专业学习特点，将城乡规划设计类课程进行阶段化划分，一、二年级以别墅设计和居住区规划设计等基本设计类型为基础，主要是建立对建筑空间和城乡规划空间的基本认识；三、四年级主要以规划设计Ⅰ、规划设计Ⅱ、风景园林规划设计、旧城改造等城市设计、城镇总体规划为主，强化学生对于城乡规划设计手法和设计技能的理解与掌握；五年级以毕业设计为主，引导学生总结归纳五年所学的城乡规划知识，并进行城乡规划职业教育的穿插引入，为学生走向社会打下坚实的基础。

（三）灵活多变的教学模式

在教学模式上，理论课程强调多媒体+板书+课堂讲解+课下辅导+师生交流等多环节教学，设计实践课程强调案例剖析+实地调研+草图绘制+阶段汇报交流+室外展评等多种教学模式，灵活多样的教学模式使得城乡规划设计的专业教育更加富有创新性，更加完善。

（四）专业教师的产学研三位一体培养

在注重专业教师教学理论与实践培养的同时，鼓励其进行各项科研工作和不同类型的生产实践，并及时将生产实践和教师科研工作的经验与教训引入到教学之中，促进本科教育与社会的接轨，产学研三位一体。

（五）以应用型人才与卓越工程师为培养目标

城乡规划专业是一个应用性的专业，要求学生动手操作能力强，以实践为主。结合卓越工程师培养计划和目前国家宏观经济发展大背景下，城乡规划专业正在努力转型，以应用型人才培养为主，多学科交叉融合，朝着卓越工程师培养的目标建设各项教育教学工作，并将应用型人才与卓越工程师目标内化于整个城乡规划专业教育的各个方面。

二、特色体系梳理

（一）依托水利背景，突出水文化特色的课程体系

作为水利院校的专业教育，秉承水利特色一直是建筑学院重要的办学理念之一。基于建筑学院相关专业及校友在水利行业及滨水景观领域已经建立起良好声望和专业优势，建筑学院在各专业培养计划中，将"滨水景观设计""水利景观建筑设计"等相关课程纳入到专业培养方案，以形成显示水利特色的课程体系。

（二）立足中原文化，突出地域特色的产学研体系

课程体系立足中原文化，从中原传统地域文化中汲取营养，构建突出中原地域和传统技术及材料特色的课程体系，凝练出了学科特色。建筑学院专业城乡规划师生长期致力于中原地域建筑研究工作，近十几年以来，调查、测绘了大量的民居和村落，积累了丰硕的基础资料。建筑学院教师以中原地域文化为基础的科研也取得了丰硕的成果，形成了一系列的科研成果。同时，在课程体系、教学安排中，也增设了相关的课程。

（三）专业融合互补，凸显人居环境学主导学科群

华北水利水电大学建筑学院设置建筑学、城乡规划学、风景园林学建筑大类下的本科专业，整合多学科知识，形成学科交叉与融合，突出建筑、规划和景观环境三位一体的知识架构，培养学生整体设计的观念和方法，形成人居环境科学为主导的学科群。各专业之间相互补充，将培养以人为本的生活工作环境作为设计目标。

第六节　教学质量保障

教学工作是高校教育的中心工作，教学质量是高校教育品质的重要保障。建立规范、科学的教学质量监控与保障体系，是提高高等教育教学质量、营造良好的育人环境、增强自我约束和发展能力的基本制度保障。为对教学质量实施有效地监督、检查、评价和指导，结合城乡规划专业的教学特点，制定完善了教学质量保障体系。

一、教学质量监控体系的构成

包括完善的教学质量标准系统，准确的教学信息采集系统，科学的教学评价系统，畅通的信息反馈系统以及合理科学的激励机制。

二、教学质量监控的主要内容

包括是否能够符合培养目标的教学计划、教学大纲和适用的教材；是否能够认真执行教学规章制度的教风、学风和工作作风；是否有较完备的教学设施和教学设备，并得到充分利用；是否有科学规范的教学检查制度和评价体系。

三、教学质量监控的有效措施

主要有以下几条：

（1）建立教学计划管理制度，对教学计划的制订和实施过程实行严格管理。

（2）建立优秀教材选用制度。

（3）建立常规教学检查制度，坚持开展"期初""期中""期末"三个阶段的常规教学检查。

（4）建立领导干部听课制度。领导干部不定时随堂听课有助于各级领导干部及时了解全院教学工作的情况，为制定有关教学工作政策提供实际依据。

（5）建立学生信息员制度。充分发挥学生在教学活动中的主体作用，便于学校和各院系及时了解学生对教学和教学管理的意见，便于加强学生和教师、教学管理人员之间的联系和交流。

（6）建立和完善教学督导制度，将校级督导和院级督导制度紧密结合。

（7）建立教学事故的认定与处理制度，加强教学与教学管理工作的科学性、规范性、严肃性，保证正常的教学秩序。

（8）建立较为完善的教学评价制度。鼓励广大教师和教学工作者探索教育规律，更新教学内容，改进教学方法，发挥模范效应，带动教学质量的整体提升。

（9）建立教学工作例会制度，及时解决和协调各教学单位和教学管理工作中需要集中研究的问题。

（10）加强毕业生质量与就业分析，全面了解用人单位对毕业生的评价和社会对人才培养的意见与建议，为改革人才培养模式提供依据。

这样的学校管理模式为城乡规划专业师生提供了良好的实践平台，促进了城乡规划学科的良性循环。在国家政策和中原经济区建设的背景下，城乡规划专业毕业生良好的评价，为城乡规划特色专业的建设提供有力支持。

第四章 模型和大数据在规划教学中的运用

第一节 研究的目的与意义

中部地区处于中国内陆腹地，起到承东启西、接南达北，吸引四面、辐射八方的作用。在《关于促进中部地区崛起"十三五"规划的批复》中，确定了河南省拥有5个"国字号"战略规划，即粮食核心区、中原经济区、郑州航空港经济综合试验区、郑洛新国家自主创新示范区、河南自贸区。河南是我国承东启西的战略节点和枢纽，郑州作为中部崛起的龙头城市，被确立为国家中心城市，迎来了一次新的发展机遇。郑州的自贸区获批，二七新区、常西湖新区、郑州上新区、中原新区等城市建设迫切需要既具有较宽厚的专业基础知识，又有很强的实践能力和创新能力的应用型技术人才，对加强素质教育，培养复合型、研究型、开拓型和创新型人才的要求也越来越迫切。这对高等学校培养人才为地方服务的实践功能提出了更高的要求。

同时，河南省的特色小城镇建设、乡村人居环境建设等如火如荼，乡村振兴、新农村建设和传统村落保护等各类乡村建设对人才的实际操作能力和动手能力提出更高的要求，国家针对小城镇和农村给予更多的政策支持，这些都为高校的城乡规划人才培养提出更高的要求。

第二节　新时代的挑战和机遇

高等学校城乡规划学科专业指导委员会编制的《高等学校城乡规划本科指导性专业规范》指出，城乡规划的本科生培养计划将纳入城市发展模型、城市系统工程、地理信息系统、城乡规划公众参与等诸多课程或知识点，相较原有培养计划增设了较多定量城市研究的相关基础课程。由此可以预见，五年后城乡规划专业的本科生毕业、六到七年后硕士生毕业、十年后博士生毕业，以及他们纷纷走向工作和领导岗位，对定量城市研究、大数据、智慧城市等的认识的接受度将会日趋提高。这与在 2013 年中国城乡规划（城市规划）年会大数据论坛上，首次提出"谁来打造一个共享的平台"的城乡规划学术界和执业界的思考与发展期望是不谋而合的。

为了迎接建设智慧城市与大数据时代，面对城乡规划（城市规划）行业面临的各种难题，在规划理论与方法论的革新上，城乡规划学术界和执业界提出了推动信息技术在空间规划决策应用方面的政策性口号，即"多规融合，构建平台，分析数据，统合模型，实现转型"。这个口号明确了数据在规划技术的应用路径。当然，智慧基础设施的建设是先决条件，要先设置各种传感器，开发好数据采集技术，要有数据分析与可视化的工具，然后才有条件来讨论数据在城乡治理上的应用课题。

规划是一个过程，要有调查、分析预测、提出解决方案、成果表现、实施与评价的阶段。在规划实践中，用参与的方式进行政策决策，就要求有一个政府、研究机关、公司与市民共享的信息平台。从规划的本质与信息平台建设的角度来看，如何成功地建设一个合理的、可以供多方参与、多规融合的信息平台，就要从经济需要、人口与土地分配、开发建设，土地与交通等人的活动，以及环境影响等的各专业合作角度来构筑。

在现阶段以及未来发展中，数据的重要性是不言而喻的，掌握开放数据和大数据，就可以掌握城市的未来。在调研阶段，要有现场数据的采集，在 GIS 数据库上共享的工具，同时利用互联网上的志愿数据、LBSN

数据等进行时空的热图分析。在制作规划方案的阶段，要能够自动地进行方案生产，或通过数据生产输出方案，结合虚拟现实技术，以利于规划的情景分析与方案评价；同时相关的数据分析与预测的结果，将能够使数据产生更大的价值，从而在规划管理上得到充分的利用。为此，数据采集、数据生产与数据增值将成为一个很重要的产业链，因此建设城乡规划现代信息开放实验平台，构建一个产学研联合的开放平台，发动各方力量，能为高校的实践教学，乃至业界的规划设计、政府层面的城市治理，创建一种新的运营模式的框架。通过实验室可以共享数据，进行数据分析，促进应用软件的开发，解决部门之间的融合问题，同时进行数据库整合，建立标准，便于进行查询、评价、分析等工作。

综上所述，信息平台的建设，要在多规融合的基础上，建立云平台，构建知识库系统，开发数据体系构架与技术分析产品、数据产品，要有能力服务大规划。同时系统要为用户着想，增加可读性，容易让用户理解规划结果的经济影响、社会影响、环境影响等，争取实现多规融合、构建平台、分析数据、统合模型、实现转型的大目标。

大数据城乡规划实验室的建立，可以为规划过程创新提供技术支撑，推动规划过程的人本化、科学化。通过实验室形成认识和分析城市问题新的思维和技术方法，同时使观察城市的发展和变化过程变得透明、可控和可视，这对于城乡规划专业教学科研具有重大的意义。大数据时代城乡规划（城市规划）的创新方向就是：规划调研、空间分析、公共参与和协同规划、空间预测和可视化表达，这也成为华北水利水电大学大数据城乡规划实验室的建设目标。

第三节　研究的必要性

一、服务地方经济发展的需要

随着河南省"四个河南"的建设，郑州市作为河南省省会、中原城市群的中心城市，其发展已经步入了一个快速时期，这也促使高校之间人才培养的竞争愈演愈烈。高校间的竞争，是技术的竞争，是服务质量的竞争，是创造力的竞争，归根结底是人才培养的竞争。通过对设计市场和城建社会背景的调查，建筑规划行业正从劳动密集型的传统建筑规划转向善于分析大数据、整合物联网络资源的技术密集型转变，迫切需要既具有扎实专业基础知识，又有很强的实践能力和创新能力的应用型技术人才，对加强素质教育，培养复合型、研究型、开拓型和创新型人才的要求也越来越迫切。"大数据城乡规划实验室"作为基础课实验教学中心，面向多学科、多课程，可以覆盖学校建筑规划类的所有专业和部分理工科专业，对于夯实学生基础，提高学生素质，促进学生学习能力、实践能力和创新能力的提升起着至关重要的作用，将为服务"四个河南"建设和振兴郑州、促进中原城市群经济的进一步发展做出重要贡献。

二、城乡规划学科快速发展的需要

城乡规划是一个综合交叉的学科，其和地理信息系统交叉的范围越来越大。同济大学吴志强教授指出："大数据与城乡规划（城市规划）是天作之合。城乡规划（城市规划）遇到大数据是城市的幸福！让城乡规划（城市规划）更理性，而非传统的拍脑袋，打破项目、单位、人的隔离。"南京大学崔功豪指出："大数据，人是核心。让我们有机会看到人的尺度的活动、移动和心情等，这是以往的计算机辅助设计 CAD、地理信息系统 GIS、决策支持系统 DSS 哪怕是规划支持系统 PSS 所不具备的。大数据能实现以人为本的城乡规划（城市规划）。"在全球化时代，需要市民空间和生活空间。"大数据不在于大，而在如何用。"专家学者、执业者对于大数据类似的认知和期望充分说明了我国城乡规划专业学科发展今后一段时间会进入大数据采集、分析、应用、可视化表达的历史时期，这是学科发展的大方向，这也无疑是大数据城乡规划实验室建设的契机和发展方向。

三、提高学生的城乡规划工程实践能力的需要

华北水利水电大学是中华人民共和国水利部与河南省共建的高校，在

郑州乃至整个河南处于引领地位，多年来坚持产学研结合的办学方针，长期承担地方政府或企业的各类城乡规划设计实践任务，保证了学生有大量的实际工程经验。随着经济的发展，郑州市及周边地区的城市建设与规划、交通、环境对城乡规划专业及其技术服务的要求日益增加。大数据城乡规划实验室能够在实验环境、实验仪器设备、实验内容、实验教材、实验指导等诸多方面得到极大发展，从而进一步提高学生的工程实践能力和创新能力。实验中心一直是学校创建示范中心重点建设实验室，其在硬件条件、实验教学、师资队伍、实验室管理等方面已具有一定基础和特色，在此基础上，融入大数据采集、分析、可视化表达的实验室软硬件设施，同时努力促建成为省级实验教学示范中心，无疑能够起到事半功倍的效果。

四、金砖国家网络大学教育教学改革的需要

华北水利水电大学凭借水利电力方面的突出特色优势和良好的办学声誉，成功跻身金砖国家网络大学中方 11 所成员高校之列。城乡规划专业和资源环境专业等多学科搭建城乡规划现代信息开放实验平台，有利于金砖国家网络大学框架下人才培养、合作办学、联合科研、实验室建设的开放平台建设。

通过大数据城乡规划实验室建设，将从根本上改变实验教学依附于理论教学的传统观念，并落实实验教学在学校人才培养和教学工作中的地位，形成理论教学与实验教学统筹协调的理念和氛围，并将先进的教育理念和教学指导思想贯彻到实验教学工作中去。其中包括实验教学体系、内容和方法改革，实验室建设、管理体制和运行模式的改革；包括构建集理论教学与实践教学为一体、课内与课外教学为一体的，多层次、多模块、相互衔接的科学系统的实验教学体系，整合分散建设、分散管理的实验室和实验教学资源，建设面向多学科、多专业的实验教学中心，提高实验教学效果。

（1）当今世界，新一轮科技和产业革命正在蓬勃兴起。数据是基础性资源，也是重要生产力。大数据与云计算、物联网等新技术相结合，正在

日益深刻改变人民生产生活方式，"互联网+"对提升产业乃至国家综合竞争力将发挥关键作用。

（2）中国是人口大国和信息应用大国，拥有海量数据资源，发展大数据产业空间无限。建立物联网—空间—信息实验室，用新的思路和工具解决交通、医疗、教育、市政等公共问题，促进产学研的全方面发展。

（3）规划信息化建设自 1980 年起步以来，经历探索期、积累期、建设期和支撑期四个阶段，通过技术引进、消化和行业应用实践，实现了城乡规划（城市规划）编制方法的变革。随着规划编制进一步向协同规划设计转变，对如何利用信息技术手段统筹数据资源、整合信息系统、提高规划辅助决策能力提出了新要求。需要通过建设信息、规划、商务网结合的实验室，实现规划空间数据的协同建设与应用，以促进规划工作的协同发展。

第四节　模型在规划应用中的专题研究

重视实践性教学环节的安排与管理，应重视教学实践环节安排的合理性、连续性，重视教学实践基地建设，重视教学实践环节的过程控制。毕业设计是五年制本科教育最重要的教学成果，也是综合反映教学质量的重要考核指标，是专业评估考察的重点项目之一。绘图与模型是规划设计师用来表达设计理念的基本手段，也是规划设计师在理念形成过程中重要的推敲方法。长久以来，与绘图训练课程相比，模型制作课程的比重和重视程度相对较弱。尤其在城乡规划专业的传统设计课程中，模型制作虽然作为一门课程出现，但其巨大的实际应用价值较少体现在设计课程的各个方面，最为明显而有效的课程效果往往是学生学会了一些制作模型的基本技巧，认识了模型制作使用的一些基本材料。而最为关键的一环，即通过模型制作推敲设计方案的方法则较少受到学生的关注和理解，这势必对学生在设计过程中培养创造能力和实践能力不利。因此，如何通过教学方式方法的变革，从最基本的模型课程教学中有效地解决这一问题，是城乡规划专业人居环境模型制作课程改革的关键所在。

一、教学方法改革的必要性

模型制作是规划设计师的工具语言之一，实体手工模型的作用是无可替代的，它可以帮助初学者逐渐树立起空间的概念，并且逐步协助初学者养成方案推敲的习惯。现行的模型制作设计方法主要有两种：一是让学生模仿经典的设计作品，通过对经典设计作品小比例尺度的复原，掌握模型制作的技巧，进而体会经典设计作品中空间尺度比例关系，以及空间构成的组织技巧；二是让学生独立进行作品设计，并通过模型的手段进行表达。

第一种教学方法的优势在于学生能够通过复制模仿的过程，理解已经成熟的优秀设计空间的组织方式，进而有助于后续自我设计过程中的模仿和演进，有利于初学者在初期阶段进行。其不足之处在于，在现行的教学体系之下，模型制作作为一门独立的主干课程，大量后续设计课程蜂拥而至，使其由 2 周课时转变为 1 周，鉴于教授对象为一年级专业基础知识较弱的新生，这种教学方法往往容易停留在对学生制作模型过程本身技巧和材质的培养上。最为明显而有效的课堂效果是学生掌握了制作模型的基本技巧，认识了模型制作使用的一些基本材料，但是无法与后续设计课程形成密切的关联性；同时，传统的规划设计课程对于手工模型的要求相对较弱，这就造成了模型制作这一主干课程的影响力仅仅停留在大一新生的模型制作周，不能与后续设计课程形成连续有效的互动体系，使得学生在后续设计中更多地选择依靠绘图进行方案设计和推敲，思维模式过多停留在二维平面，不利于对学生创新思维和实践能力的培养。

第二种教学方式的优势在于强调了模型制作对于学生创造性设计能力的培养，使得学生能够在模型制作过程中，既能够很好地掌握模型制作的基本方法，了解模型制作的基本材料，又能够通过这一过程提高学生独立思考空间组织的能力，掌握各种功能空间的设计方法。但是，这种教学方式需要学生具备一定的知识结构作为支撑框架，才能保证这一教学过程的完整性、连续性和可行性。从同济大学和郑州大学历年来组织的国际国内模型制作比赛（搭建节）的参赛情况不难看出，具有独立设计理念的模型制作一般由 2~4 年级的学生为主导进行参与，尤其以高年级学生的创造性更具有实践意义，低年级学生为主导的设计则更接近概念设计。而现行体系决定了模型制作课程不能重复已经成熟的模型竞赛的模式，因为我们的教学对象是仅仅具有"建筑设计基础"和"城乡规划设计基础"两门专业基础课程的大一新生。因此，如何利用现有资源整合出新的适应大一初学者的教学方式和内容，在培养学生基本专业素养的同时，不断提高学生的创新实践能力和动手能力，是这次课程改革的关键所在。

二、启发式教学模式下的大比例"类建筑空间"模型的制作

（一）启发式教学模式的引入

在传统的模型制作课程上，任课教师更多的是传授模型制作的基本技巧和方法，以便于学生能够更好地在有限的时间内最完美地复制经典设计案例。这一教学方式的弊端如前所述，而完全引入学生独立设计方案再进行模型制作的方法在目前大一阶段并不现实。因此，课题组教师通过近 10 年模型制作课程的不断探索和实践，在经历了传统经典建筑空间的重塑、"300 万人"的城市复苏等系列改革尝试之后，探索出了启发式教学模式下的大比例"类建筑空间"模型制作之路。

这种方式的优势在于，因地制宜地借鉴了现行最主要的两种模型制作课程的主体内容，因此，对于整体教学体系的影响相对较弱，易于实行，大一初学者也较为容易接受。启发式教学在模型制作课程中的关键在于由教师引导学生通过对已经成型的建筑空间或者城市景观空间进行分析和解构，进而进行模仿性的创造；而这一过程必须由学生通过小比例的模型推敲并演进到 1 : 1 的大型实体模型制作。

启发式教学模式的引入对于任课教师提出了更高的要求，也是模型制作课程改革的基础。首先，教师要利用现有知识结构引导学生能够进行科学的分析和解构空间。这就要求任课教师不能仅仅关注于某一门课程的教学，应以教研室为单位，以教学体系为依托，不断加强教学知识的纵向联

系性不断加强。其次，教师应引导学生逐渐理解模型制作作为设计思路表达和实现的工具语言的意义与作用。如前文所述，模型制作不仅仅是一门独立的主干课程，更是向所有设计课程提供基本设计工具和语言的基础课程。做一个漂亮的模型不应成为教师授课的唯一目标，如何通过模型制作的方式表达出一个漂亮的设计空间和形象才是最终目的。通过不断的课程实践探索，"类建筑空间"的命题是解决这一问题的有效途径，能够有效地保证学生在现有知识层面，依托教师的引导，逐步掌握模型制作的实际意义和作用。

（二）类建筑空间

顾名思义，类建筑空间并不是真正意义的建筑空间，而是建筑设计基础中所讲授的空间构成向实体的建筑空间和城市空间转变的一类空间形态。任何城市中现存的建筑空间形态和外部公共空间形态都能够清晰地解构为立体空间构成的一种形式。因此，"类建筑空间"就成为一年级初学者在完成建筑设计基础及城市设计基础（该课程完成了对大部分城市空间的认知）之后，向真正的实体建筑空间和城市空间过渡的桥梁。限定了边界，"类建筑空间"就成为一种单纯意义的空间构成；限定了选题，"类建筑空间"就成为一种实体的建筑空间或者城市外部公共空间。

一年级初学者在制作这一类模型空间过程中，既要充分利用前面所讲的设计基础知识，又要掌握新教授的模型制作的基本技法和技巧，同时，通过教师引导性的内容，还要逐步适应方案成型过程中反复推敲比例尺度的方法。在这种方式的引导培养之下，初学者势必能够尽快突破从二维平面向三维空间转变的痛苦过程，快速有效地通过草图和模型两种手段去反复推敲自己设计作品的比例尺度和最终形象。为了最大限度地帮助学生在有限的时间内最真实地体验设计空间的比例尺度感，教师选择不同比例尺度模型逐次递进来锻炼学生在实践过程中对空间比例尺度的操控能力。

（三）1∶1大比例模型的制作

选择1∶1的大比例尺度作为成果模型的展示方式，是模型制作课程教学内容改革的必然要求，也是检验教学成果的唯一方式。无论是建筑设计还是城乡规划或者是城市设计，都必须放在城市真实的环境中，接受大比例尺度的检验和挑战。以往很多学生的设计作品往往只能"纸上谈兵"，甚至到了高年级的课程设计作业，也只能是画着漂亮，看着好看，拿到设计院则一无是处，因为其不具备在真实环境下检验的质量和内涵，这样的结果与我们城乡规划专业培养创新实践型的人才目标是相悖的。因此，从一年级开始，我们就需要通过1∶1比例尺度的模型营造，让学生体验自己的设计作品在城市空间中的真实感、存在感和设计感。

同样，1∶1比例的模型对于学生在空间推敲、制作工艺、材料使用技巧上，也提出了更高的要求。在进行1∶1比例模型的制作之前，所有的小组都进行了详细的草图绘制以及小比例模型的反复制作推敲，使得最后完成实体模型的过程中，都能够在规定的时间内快速有效达到预期设计目标。但是，还是有部分小组出现了一些无法搭建的情况，不得不直接调整方案和改变搭建方式。这种情况的出现恰恰是在教师可控引导情况的一种。因为很多设计漂亮精美的小比例模型在加大到实际尺度之后，就会受到材料、构造、场地、环境等一系列因素的影响而无法实现。初学者在经历了种种艰难的推敲失败再推敲，进而实现的过程才能真正体验到成就感。

第五节　"亭"系列实践案例分析——振翅而飞的雄鹰

一、设计理念和表达选取

城乡规划教研室模型制作课程的师生们在龙子湖校区的文体广场上，进行了名为"亭"的模型建造搭建作品展示。课程设计要求学生利用硬纸板，制作1∶1的"类亭空间"，以建筑群体的方式布局在校园广场上，能够向广大师生提供切实可用的城市公共空间，形成丰富有序的校园游乐景观。课程涉及城乡规划专业2014级大一新生3个班，时间为1周，最终展示成果为周五1天，搭建截止时间为周五下午5：30。

本次"类亭空间"的制作，从一开始就受到了学生的积极响应（见图4-1）。从材料选购、草图分析绘制到小比例尺度的模型制作和推敲，学生们的热情和不断迸发出来的创造力成为任课教师大胆进行改革创新的有利支撑。每一个成型的"亭"背后，都有属于学生小组自己的故事，教师在评判最终模型成果的过程中，已经不能成为唯一的裁判，因为这些巨大的"亭"已经成为学校广场的空间要素，来来往往的师生、嬉戏热闹的孩童，都成为这些巨大城市类建筑空间的使用者和评判者。教师的评价标准也必须摆脱传统的分值效应，在结合专业水平评价的同时，也需要综合考虑这些作品在融入真实城市空间后所带来的真实社会效应。

图4-1　室外模型搭建

"雏鹰"是本次设计作品中颇受好评的一个作品，学生的构思来源蓝本是世界上最惊人的15大折纸建筑之一（见图4-2）。取名"雏鹰"源于学生对自身的定位，以及对未来美好世界振翅高飞的向往。方案一开始，学生在教师引导下的准备工作非常充分，他们根据时间限制和材料的局限性，重新设计了方案的顶部及其侧面，并绘制出相应平面图、立面图。学生的整体思路是以外形为一个类似鸟状围合空间，表达"雏鹰"振翅高飞的寓意，同时又能提供一个城市的驻足观赏空间。

图 4-2　"雏鹰"折纸建筑原型

这个作品的设计理念和表达选取都是非常优秀的，但是学生为了可以强调鸟肚的空间，抽掉了很多内部的支撑柱，并加大了上面羽翼的尺度，尽管在小尺度的模型制作中是完全能够成立的，但是因为缺乏对实际大尺度的考虑和材料重量的考虑，在最后成果中很难实现。针对这一情况，教师并没有直接给出修改意见，而是通过向学生展示不同材质的案例选择，结合一定空间结构知识的补充讲解，引导学生独立解决这一问题。从小比例尺度的模型效果来看，学生通过数个模型的变化，最终敲定了三角形为母题的镂空式羽翼来解决这个问题。在现场的实际搭建中，通过教师的有效现场指导，及时纠正了外侧羽翼支撑中的错误，通过增加悬挑梁和斜向拉绳的绳索，最终完成了"雏鹰"作品（见图 4-3）。

图 4-3　"雏鹰"模型小样及最后成果

图 4-3 "雏鹰"模型小样及最后成果（续）

二、学生模型制作学习心得及部分作品选

（一）作品：雏鹰

在欢声笑语中，为期一周的模型设计周结束。一周的时间不长不短，但学生们收获的要比想象的多。"雏鹰"设计团队总结在一周内不仅学习到了理论知识，提高实际动手能力，而且体会到团队合作的效率与乐趣。

大一新生都是第一次接触模型设计，在此之前学生对此充满了好奇与未知。模型设计周可以让学生更好地了解城乡规划专业，更好地锻炼动手能力。在大一一年里城乡规划专业的学生基本上都是在巩固基础知识，这次终于有机会"大展拳脚"展示操作能力，所以每个同学都是乐此不疲。老师对我们的要求是分组进行，先做 1∶100 的小模型，然后从 1∶100 过渡到 1∶1。前期的模型制作，大家一起讨论交流，分享自己的观点和意见，小组成员之间偶尔出现分歧，但很快会达成共识。在主题确定之后，学生就开始分工合作，各自负责一部分。总的来说大家分工明确，合作愉快。

在这次模型制作的过程中，"雏鹰"设计团队见证到了团队合作的真正的力量，体会到合作的欢乐。虽然模型制作的过程中有失败和坎坷，但这并没有降低团队成员的信心，反而使小组成员在一次次失败中变得更加团结，更加有信心。时至暑期，天气炎热，更是充满热情，斗志昂扬。一周的时间要完成小模型大模型的制作，时间上明显不足，但我们并没有因此退缩。几乎每个同学都体会到了"披星戴月"的乐趣，小组还通宵了一次。虽然时不时得到蚊子的亲吻，但大家还是充满欢声笑语。这次模型制作，设计团队组员之间也变得更加亲近，相互之间更加了解。

模型搭建过程中遇到最大的困难就是模型从 1∶100 到 1∶1 的过渡。不得不说我们是理想主义者，考虑问题不够周到，或者说我们对这些还不够了解。1∶100 的模型制作过程中虽然有问题，但我们都一一解决了，而且我们还把我们的想法和模型以图片的形式发给我们的指导老师，借鉴老师的指导，"雏鹰"设计团队开始了模型的过渡。刚开始小组只是做一些小部件，因为老师的要求是：最后的组合要到模型周的最后一天所有组一起组合。但为了保险起见，小组成员稍微提前组合了一次，勉勉强强地组装起来。在这个过程看到了雏鹰模型的问题。设计小组没有考虑到模型的材料，前期的小模型用的是专业的模型板制作的，这也使得小模型制作比较顺利，但 1∶1 的模型制作过程中却问题百出，这是因为最终模型制作是用的纸板，它的强度、柔韧度都是没办法跟模型板比。幸运的是在老师的帮助和指导下，最终设计小组都克服了困难。在大家齐心协力之下，成功地把雏鹰模型搭建起来（见图 4-4）。

这次 1∶100 的模型到 1∶1 的转变，让学生认识到现实的残酷性，不过也让模型设计团队认识到建筑的科学性。相信在以后的学习和工作中，设计团队成员都会从这次的模型制作中受益。

在这次搭建过程中，相信不管最终模型制作的结果怎样，我们组每个成员都会深深记得大家一起熬夜、一起"披星戴月"、团队努力的日子。每当我们回忆起大学生活的时候，这些记忆将会成为我们最宝贵的财富。

图 4-4　"雏鹰"模型

（二）作品：化蝶

在 2015 年初，在建筑学院 2014 级城乡规划专业全体班级的人居环境模型制作课程中进行了"类建筑空间"模型设计制作比赛，比赛内容是通过纸板模型的设计和制作，来达到体现类建筑空间的延伸性等特点，完成在一天之内在学校广场向使用者提供城市公共娱乐空间的目标，同时在这次活动中制作出的类空间模型（1∶1 的大尺度）能够让同学们更加明确地了解到"类建筑空间"的实体意义以及建筑体块穿插组合过程中的各种问题和解决技巧。

"化蝶"模型小组的成员小组共 6 人，都是城乡规划 2014 级 74 班的同学（见图 4-5）。在这次模型周里，6 个人由陌生到熟悉，一起完成了这次模型的设计。对于这次设计，让设计组员感想最深的就是，限于模型的体块体积如何将它更明确地表达出来，传递给使用者。当得知这次模型周的主题之后，6 人设计小组先进行了小组会议商讨，因为使用模型材料的限制，所以导致我们所做的模型一定程度上受到体块的限制，在这种限制下怎么把我们想要设计的东西更明确地表达给使用者就是"化蝶"模型小组成员所面临的问题。设计小组没有选择简单地复制模仿一个现成的模型，而是决定通过 6 个人的集体智慧，来创造一个更加合理的体块模型。在随后的几天，设计小组 6 个人就体块的外观结构，以及整个组合模型进行了长时间的商讨，模型设计小组每个人都很积极，每个人都有自己的想法，我们把大家的想法综合取其长处去其短处，最后组合成为一个模型。

图 4-5 "化蝶"模型夜景

当所有人的目标一致时，模型设计小组的效率就非常高，虽然在模型周中熬过了几个通宵，但是大家的辛苦并没有白费，在模型周的最后一天，看着我们的模型一点点地升起到比人还要高的时候心里无疑是喜悦的。我们这次的模型主要采取的是穿插组合的形式，不利用胶、钉子等，这种组合方式在初期裁板的阶段十分耗费人力，但在最后一天组合过程中则显示了这个模型的优点，就是组合过程快而且牢固，在穿插过程中，显现出整个建筑的极强的韵律感，同时这种剪裁纸板的方式可以节省原料。在保持这种韵律感的同时，模型设计小组把这个模型所占空间不断增大，在做好之后，我们的模型中可以平躺 8 个人，并且没有拥挤感，本模型的空间的容纳能力强。虽然本模型能将平面空间增加，但立面图并没有因此而显得薄弱。在建筑模型制作好之后，我们观察整个模型，发现如果加上灯光效果，会使整个模型的韵律感增强并且在夜晚营造出一种极其优美的光影效果，于是就动手实践。最后做成之后，很多人驻足在我们的建筑模型前久久不离去，这是最令我们感动的一点，当自己的作品得到大家的认可时，这种喜悦会让人觉得之前的辛苦都值得的。而这极大的成就感要得益于全体成员的智慧。因为在模型制作的过程中"化蝶"模型小组中的每个人都不断地产生新鲜的想法，大家的思维不断地进行碰撞，有了更多新鲜的主意出现。当然，虽然伴随着汗水与笑声，最后的作品也令我们比较满意，但是在模型制作之后重新审视我们的模型，依然能发现很多问题，说明还有很多需要学习长进的地方，也提醒我们学无止境。对于建筑这门大的学问来说我们欠缺的还很多，希望在以后的学习生活之中能不断进步，创造出更多的令自己满意的作品。

（三）作品：亭

作为华北水利水电大学 2014 级建筑学院城乡规划专业的学生，很幸运地参与了建筑学院开展的第一届 1：1 大型模型周课程作业，该模型设计小组作品如图 4-6 所示。

图 4-6 "亭"模型

图4-6 "亭"模型（续）

对于入学不满一年的我们来说，这是一次前所未有的体验，因此我们都非常期待，积极准备方案、制作工具以及安排好人员分工和合理地规划时间。尽管制作模型很辛苦，但确实是一段难忘的经历，也从中学习到了很多宝贵的实践知识。

（1）团队合作精神。在制作模型的过程中，不仅锻炼了我们的动手操作能力，也极大地提升了我们的团结协作能力。每个人都有每个人的思想，如何将这些思想巧妙地结合，综合运用，是做好模型的关键所在。每个人都有自己的优缺点和性格，如何与同学和睦相处，吸取他人的优点和长处来弥补自身的缺点和不足，也是这门课程的重要意义所在。

（2）发现和解决问题。通过制作模型的过程来看，现实中存在的问题和理论上的问题有着很大的区别，有些问题的解决方法不是单纯地从书本上就能得到答案，需要我们在制作的过程中细心推敲，一步步寻求解决的办法，这不仅能够发散我们的思维，也能锻炼我们提出问题和解决问题的能力。能够发现问题是决定一个人能不能更好发展的关键，而解决问题将决定一个人能够在好的道路上走多远。

（3）创造性思维和空间感。自己动手制作模型是将理论转变为现实的过程，在理论中，我们可以借鉴前人的成功经验，避免走一些不必要的弯路，但在实践的过程中，我们要在前人的基础上有所创造，将已有的科学知识转化为自己的力量，而模型的制作正是为我们提供了一个良好的平台来考核我们自己。制作模型能够锻炼我们的空间感，为我们在以后的学习生活中奠定了良好的基础，让我们能够更加灵活自如地驾驭形式各异的模型制作。

（4）开阔眼界和提升境界。团队制作模型，队与队之间存在着竞争和比拼，不同团队之间的风格和思想也会千差万别，通过老师的点评以及同学们的自我介绍，能够极大地开拓自己的视野，提升自身境界。在介绍自己作品的同时，也能够锻炼自己的语言组织表达能力，提升自我。

（5）培养情趣，憧憬未来。对于入学不久的我们来讲，一个好的开始更加能够激励我们奋发图强，制作模型是一件富有情趣的事情，这不仅能勾起我们的兴趣，也能给我们一个好的平台来憧憬美好的未来，制作模型，我们就是自己人生的建筑师。

（四）作品：绽放

经过一周紧锣密鼓的模型制作，我们小组所有人都有感悟，这次的模型制作，不仅仅让我们对"设计"这一名词有了更加清晰深刻的认识，同时也磨合了团队协作能力。

为期一个礼拜的课程设计结束了，它锻炼了我们查阅资料的能力、方案构思的能力。在设计过程中，我们按照指导老师的要求逐步完善设计方案。对指导老师提出的问题进行了详细的修改，较好地完成了设计任务，但也暴露出了一些问题。

在这次的课程设计中不仅检验了所学习的理论和设计知识，也培养了我们如何去把握一件事情，如何去做一件事情，又如何完成一件事情。在设计过程中，与同学们分工设计，和同学们相互探讨、相互学习、相互监督，学会了合作，学会了宽容，学会了理解，也学会了做人与处世。

课程设计是我们专业课程知识综合应用的实践训练，这是我们迈向社会、从事职业工作前一个必不可少的过程。"千里之行，始于足下"，通过这次课程设计，我们深深体会到这句千古名言的真正含义。今天认真地进行课程设计，学会脚踏实地迈开这一步，就是为明天能稳健地在社会大潮中奔跑打下坚实的基础。

　　模型制作是一个十分需要耐心和细心的工作，模型制作也是一个尊重步骤程序的工作。首先就是草图环节，草图是思维的开始、灵感的来源，草图直接关系到方案的形成。并且在思考的过程中必须考虑到构想的可行性，是能在特定工艺下做出来的产品。产品的制作难度要适度，既要考虑到制作的时间长短，又要考虑到制作工艺。在老师的甄选之下，我们每个人都选出了比较适合制作的模型，这次制作的产品大多含有曲面，就是为了能够锻炼同学们对模型的感知。

　　这次模型的制作可谓充满曲折，"绽放"模型设计小组在确定了方案之后，就开始着手准备，经过了三天的时间，准备好了各个零件，但是开始组装时就出现了问题，组装起来的模型无法长时间保持，这就是说我们这次的方案是失败的，或者说还有需要完善的地方。我们经过短时间的沮丧，便重新振作起来，寻找失败的地方，发现是模型的承重能力不足，导致整体倒塌。针对这一问题，我们采取了加固的办法，给模型整体的承重关键位置加装承重的柱子，保证模型能够保持长时间的站立而不倒塌。但是问题又出现了，因为柱子没有被固定在地上的固定地点，所以模型整体会发生旋转而使模型倒塌，针对这一问题，我们又对柱子进行了固定，保证模型整体不会发生形变，至此，我们的方案才算完善，获得成功（见图4-7）。

图 4-7　"绽放"模型

在此期间，"绽放"模型设计小组有过争执，有过懊恼，也有过想要放弃的情绪，不过"绽放"模型设计小组最终互相鼓励，克服了消极的情绪，不断完善方案，在完善的过程中，发现自己知识的不足，并加以改进。

设计需要丰富的阅历和经验，不可只凭自己的心意而为，需要考虑的不仅仅是建筑本身的造型，还要兼顾其牢固性和可行性，更要方便施工，一周的时间是非常短暂，相对于"绽放"模型设计小组这次的任务来说，我们的每一步都不是那么从容，正因为这样，才激发了我们的斗志和热情。从准备到组装，再到完善和成功，期间"绽放"模型设计小组在经历了一次次的失败之后，发现自己的盲点。模型的纸板并不像真正建造所要用到的那些材料一般坚固，所以，这个误区是很致命的，这更让"绽放"模型设计小组意识到第一步的关键性，以后更要加强自己对于材料的认知和对结构的感受。我们的作品名为"绽放"，意为如鲜花一般绽放，美不胜收，但是因为动手能力的问题，这朵花儿并没有达到想象中的效果。从这一点来看，我们需要反思的是建筑的造型与建筑的可行之间的取舍，漂亮的建筑固然人人关注，但是若是成为空中楼阁，一切就失去了基础。

这次的模型制作周，不仅锻炼了模型设计小组成员动手能力、团队协作能力，更重要的是，我们深刻理解了作为设计师进行设计的重要推敲手段之一：模型制作的重要性。在这一过程中，我们收获很大，相信对未来的设计课程将有更大的帮助。

（五）作品：长亭

模型制作课程有助于我们培养动手和动脑的能力，这让"长亭"模型设计小组学到了很多。作为城乡规划的学生，需要对空间有很强的认知，本次模型周内制作的是1∶1的模型，"长亭"模型设计小组真切体会到了空间尺寸大小与舒适的关系，增强了空间认知的能力，收获了制作的快乐。

城乡规划对于大一的学生来说是一个模糊的概念，随着学习的深入，我们明白了城乡规划的实践意义，明白了自己需要培养的技能。模型制作，就是需要培养的技能之一。模型制作，包含了团队合作能力的培养，设计能力的提高，新思路的开拓。说实话，当老师布置这个大作业时，我们的心中既激动又迷茫，激动的是终于可以自己设计类建筑了；迷茫的是自己从未接触过模型的制作，不知道制作出来的怎样，全靠"长亭"模型设计小组在一起思考和讨论。在制作的过程中，我们遇到了很多难题，不过最后都一一克服，这让模型设计小组成员明白了天下没有绝对的难关，只要有心一切是皆有可能的。

模型制作总结为四个过程，第一步是收集资料，借鉴他人经验，吸取精华。看起来花费了不少时间，其实是形成方案的一个过程，从中可以明白哪些是应该采取的，哪些是要避免的。在这一过程中，模型设计小组明白书到用时方恨少，平时要多学习他人的精华，并要灵活运用，不要怕辛苦，准备工作做得好，任务就轻松了，所谓事半功倍。

模型制作的第二步是方案的确定实施。实施往往比准备过程更复杂且更困难。刚开始的时候我们每个人都有不同的想法，意见不一，一种方案是渐变的正八边形棱柱，另一种方案是有两种不同高度的形体相互错落形成的长亭，到底采用哪一种方案？模型设计小组决定先做出来再比较，因为实践是检验真理的唯一标准，要用事实说话。在做这两个小模型的过程中，模型设计小组发现第一种细节太多，真正的材料根本做不出来，多次尝试后只好放弃。第二个方案最后做了出来太过简单，于是又加以改进。最终的方案确定为搭一个亭子，柱子顶部是互相错开叠放的正四边框，这样看起来就有宏伟的感觉（见图4-8）。从这一过程中，"长亭"模型设计小组明白了事情不是想象中的那么容易，做事要有永不放弃的决心。

第三步就是具体的制作。可以说是最为重要的一步。当"长亭"模型设计小组接到了制作模型的材料是有些小失落的，没想到材料就是那种单薄的纸箱板，不过小组成员很快就接受。模型设计小组分工很明确，先把纸板按设计的比例切割好，女生主要做画线和切板的简单工作，男生做局部的拼接等技术活。在拼接柱子时遇到了很大的难题，我们运用智慧，把柱子做到了一个完美的拼合，战胜了困难。

模型制作的最后一步就是模型的搭建。"长亭"模型设计小组从三楼

图 4-8　"长亭"模型

把模型的局部搬运到了文体中心前。因为模型柱子太高，顶部的搭建甚是困难。模型设计小组用上梯子合力才得以完成。当模型终于立好后，模型设计小组都欣慰地相视一笑，因为不管怎样我们都已经成功了。我们也轮流看了其他组的模型，相互学习了一下。模型设计小组都感觉城乡规划专业真的很重要，通过各自的类建筑空间的大比例模型，通过不同的站位和组织，给当天的文体中心广场增加了独特的风采，引得无数学生驻足停留，成为无数孩子们的玩耍之地。想必，这就是老师所说的让我们体会精美的建筑在城市空间中带给居民们快乐的情景吧。最后老师做了点评，这场模型制作活动完美收官了。这次模型制作课程，不仅提高了"长亭"模型设计小组模型制作技能，而且教会了小组成员要团结互助。更重要的是，它使我们对未来即将到来的设计课程充满了希望。

如图4-9所示，是学生现场搭建过程及成果照片节选。

图4-9 模型成果展示

第六节 人居环境模型制作实践案例分析

2016年7月1日，华北水利水电大学建筑学院城乡规划专业大一的学生们在龙子湖校区的篮球场上，进行了"城市—空间—建构"的模型制作作品展示。课程基于初步搭建"城市—空间—建构"为目的综合训练设计，以郑东新区"龙子湖湖心岛"城市设计为题，通过小组合作的方式，对龙子湖湖心岛内的建筑进行搭建设计。

　　课程要求制作 1∶100 的 "类城市空间"，以建筑群体的方式布置在广场上，并且能够向广大师生提供可步入体验的城市公共空间。课程涉及城乡规划专业 2015 级 3 个班：2015078、2015079、2015080，指导教师分别为陈萍、刘利轩、宋鑫。模型前期准备时间为 4 天，最终搭建展示成果为 1 天。

　　学生通过收集相关资料，对材料体进行研究和性能实验，课程要求学生使用 1m×1.6m 的瓦楞纸板为主材，不用螺栓连接，尽量利用材料本身的特性，使用插接、拼接的方式进行搭建。整个基底占地面积 $15×15m^2$，由 13 个小组分别完成各个地块的搭建，最后再集体现场拼装。制作及指导过程打破传统班级限制，强调团队协作与个体创新的合作方式，利用最新的航拍技术手段，完成湖心岛的总体城市空间设计。

　　"城市—空间—建构" 制作活动，从一开始就收到了学生的积极响应。从材料选购、草图分析绘制到模型构件的制作和反复推敲，学生的热情和不断迸发出来的创造力较好地完成了课程改革的预期目标，也成为任课教师继续进行改革创新的有利支撑，下面是部分模型成果（见图 4-10）。

(a)　　　　　　　　　　　　(b)

(c)　　　　　　　　　　　　(d)

图 4-10　成果展示效果

第七节　信息技术在规划中的应用

随着"数字城市""智慧城市"等城市管理与运营理念的提出，以及大数据时代的来临，信息技术在城乡规划专业的应用已经逐渐成为对规划师的技能要求和发展趋势。无论是城乡规划的实施管理还是城乡规划的编制设计或是城乡规划的决策支持都需要信息技术的支持，通过信息技术，将城市发展的数据信息进行采集、分析、处理和利用，作为城乡规划实施的指导和依据。

信息技术在城乡规划课堂教学中的运用，结合虚拟仿真实验室、智慧教室，有效促使信息技术、虚拟现实技术与课堂教学深度融合，通过沉浸式的交互体验，给予作为设计者、使用者的学生足够的想象空间和实践机会，更深入地理解空间、理解设计方法。同时，这种融合可以改变实验/实训环境内容匮乏现状，破除空间限制、安全限制，满足学科对于教学实验/实践的务实应用需求，以学生为主体、教师为主导，有效利用教学资源，实现课堂教学与课下实训的有机结合。

除了单一的信息技术类课程以外，设计类课程主要是针对实践的工程案例，展开设计和规划编制。信息技术类课程开设的目的是让学生以信息技术为方法手段，来进行规划分析和设计，加深学生对核心专业课程的理解。但是，目前单一的信息技术类课程没能很好地与核心课程进行衔接，教学效果不是很好，学完即忘，学而不用。因此，需要将信息技术类课程进行融合和创新，以此对接其他核心主干课程，使信息技术类课程有用武之地。其中，设计类课程需要与信息技术类课程紧密对接和融合，城乡规划社会实践类课程需要对信息技术类课程内容进行创新。

城乡规划面临方法和技术瓶颈，很难支撑和适应城乡规划转型发展趋势。当前，以大数据驱动的智慧规划技术是城乡规划创新发展的一股新生力量，已经成为规划方法技术转型的主导动因。城乡规划教育应该有超前意识，为未来规划学者和规划师提供新技术方法和开阔的视野。

一、城乡规划技术教育的现状

城乡规划是处理"自然—人—空间—社会"复杂关系的多学科交叉承载体，以此实现各种资源的整合、各方利益的平衡。传统的城乡规划教育不注重培养规划的核心技术和方法、理性分析、科学性和严谨性等方面的知识；转型发展后城乡规划教学更关注理性数据分析、科学技术利用等。

（一）缺乏客观的理性思维

传统的城乡规划专业教学是以空间形态为核心，强调形态艺术美，不利于认识和解决复杂的城市问题，甚至有违背自然规律的风险。当前城乡规划教学轻视规划过程，过分关注规划结果。大量的空间形态设计课程，高强度地培养学生在一个既定的框架中，以被动跟进的方式按照标准、规范、导则和管理办法完成一个预设的任务（命题或目标），缺少理性的逻辑思维，使得规划分析过程变成"黑箱/半黑箱"。这样的培养方式，使得学生的发散思维得到了很好的训练，但是缺少理性的收敛思维，难以在学生的知识体系中建立一个相对客观的评价准则，对规划成果进行自我判断。

（二）对城市运行机理的认识不足

城市规划的对象涉及的自然环境、经济发展、社会文化等都有其自身的形成演变规律。城乡规划专业的培养，并未注重对影响机理的深刻剖析，找出规律或者问题的症结所在，难以把握发展趋势、对症下药，让城市规划方案具有针对性和适用性。当前流行的工作坊教学模式，也难以在短时期内分析和揭示城市深层的运营规律或某个城市问题的根源，对规划方案成果表达的过分渲染，使得学生习惯于用空间形态掩盖规划过程，也无法对规划可能的预期进行评估和检验。

（三）城乡规划量化分析方法不足

规划方法偏于"软"方法和不可检验性的方法，缺少"硬"方法和量化方法的运用，认为灵感、创造性更重要。以归纳、总结和综合判断占主流的方法，是以经验为主导，并与规范、标准、技术导致和管理办法的进行对照，通常导致规划过程的缺失，"悟性"变成了学生掌握规划过程的能力，规划分析与规划成果往往脱节，更有部分学生本末倒置，先有规划方案后再补究规划过程。当前城乡规划专业的教学培养缺乏必备的数理基础知识，很难在短时间内学习和熟练应用数量分析方法和技术。

（四）城乡规划与相关学科的结合不足

城乡规划涉及众多学科，但是城乡规划教学仅仅对这些相关学科的理论进行简要介绍，正所谓"知其然而不知其所以然"，学生仅能了解基本的概念和近乎常识性的基本原理。在规划实践中，应用于城乡规划中的相关学科知识，仅停留在表面上的概念或理念借用，经常出现堆积和拼凑其他学科理论的现象，无法将城乡规划过程与相关学科的原理、方式或技术耦合，有时候甚至出现滥用、错用现象。

二、城乡规划技术发展的机遇

（一）空间规划体系时代

在统一的空间规划体系下，城乡规划将从主导城市建设转变为服务于自然资源管理和生态环境保护，城乡规划行业将从主角转变为配角，融入全域空间资源管控之中。无论是传统的城乡规划，还是近年来的诸如综合管廊、城市双修、海绵城市、街景整治、特色小镇、美丽乡村、乡村振兴、田园综合体等新类型规划设计，都习惯套标准和案例范本模板的套路，没有形成核心技术，没有深入思考和科学理性的推演，难以满足城乡规划在纵向和横向转型中对技术和方法的要求。

（二）大数据时代

大数据时代，在城乡规划领域的主要研究是基于社交网络、手机数据、浮动车数据和城市传感器数据等海量时空数据，分析城市结构，揭示居民出行规律，使人们能够以前所未有的精细度来认知城市。在大数据的驱动下，依据传统的"自上而下"静态数据的规划思维、方法和技术难以应对"以人为本"的动态规划。在城乡规划人才培养过程中，应该结合时代的发展和"智慧城市"的建设需求，在传统教学环节中适当增补内容，革新城乡规划的数据获取途径、分析手段、数据可视化，以及规划效果检验等，促进规划研究方法和技术的提档升级。

（三）存量规划时代

经历了多年的快速、粗放式扩展之后，存量更新是发展的主题。增量规划向存量规划转型，城乡规划将更多地关注城市细部进行"精耕细作"，设施精细化配置、社区自组织、城市（微）更新等需求逐渐增多，这与大数据的"个体性"特点非常吻合。存量规划必须处理和平衡错综复杂的现状关系，分析经济、居民活动、技术、资本、信息等要素的流动特征和功能空间的相互关系，认识城市空间结构、空间运行质量，关注城市要素内部的作用机理，现实的需求亟待城乡规划人才培养模式在分析方法和技术方面做出响应。

三、信息化设计课教学组织

本书结合城乡规划设计核心可与 VR 等信息技术结合进行研究。城乡规划设计Ⅲ（上）是城乡规划专业的核心课，主要针对城镇不同地段设计的课程（以下简称城市设计）。2015 年中央城市工作会议提出城市设计工作，城市设计作为全国高等学校城乡规划专业指导委员会设置的课程竞赛之一，是我国人居环境学科的重要方向，华北水利水电大学建筑学院从 2016 级城乡规划专业设置了城市设计方向。

（一）教学思路

本课程以培养学生掌握城市设计的基本理论及方法，熟悉城市设计的一般操作程序与步骤，运用城市设计的手段解决城市发展中出现的问题为目标。培养学生在实际操作中的综合分析能力与方案设计能力，尝试运用城市设计的手段解决城市发展中出现的问题。

线下传统教学通过教师专题讲授、一对一方案讲解或实地调查等多种方式，深入有针对性地解决学生课堂问题。

线上通过空间认知、设计展示、规划模拟、数字平台互动教学四种教学方式，拓宽传统教学以听、看为主的知识接受方式，促使学生从"被动听课"向"主动创造"转变。

（1）空间认知。针对城市设计需要，构建经典范例场景，形成360°全景影像课件。

（2）设计展示。将学生设计的城市环境从传统二维图纸展示为主，向三维情景创造转变，方便师生就空间感受进行深入的交流和互动。

（3）规划模拟。利用计算机仿真模拟，在三维场景中任意漫游，人机交互，易于发现设计缺陷，从而提高设计质量。

（4）数字平台互动教学。将教学过程嵌入到建筑学院数字作业管理平台，便于师生随时审核交流互动点评，并存档留存。

（二）学生地位

城市设计是一个问题分析导向的教学过程。在课程教学中以学生为中心，引导学生从自己发现的问题切入，进行设计策略构思及方案的制定，帮助他们建立完整的解决问题的思路和方法。

（1）按照合适的教学规模，将一个班级学生分成若干个设计小组，平均每个设计小组有2~3名学生，一个标准班级（25人左右）配备1名专职指导教师和1名相关专业的辅导教师。教师针对学生对学习方法转变的不适应，在现场施教，针对性地培养学生对城市的现状调查分析。

（2）对学生在实践过程中出现的问题，教师采用启发式、VR体验式教学方式、问题导向型教学方式（而不是传统的灌输式）进行针对性的指导。

（3）通过对个人、小组、全班同学的不同方式的要求，训练学生进行设计方案比较分析、设计文件与图纸制作能力和技能的培养，完成总体布局方案和有关的图纸绘制与规划文件写作，并进行相互的交流，培养口头汇报的能力。

（4）将华水学堂和VR/AR虚拟现实等信息化教学模式融贯于对学生设计能力的培养之中，从学生的需求出发，充分调动学生自主学习的积极性和主动性，培养学生自主学习能力、创新创业能力和批判思维能力。

（三）课堂教学特色

（1）以历史地区和中原地域文化特色为主，紧密结合中原经济发展状况。为学生提供的资源，如实际项目案例和研究文章，主要集中在城乡历史地段、特色村镇、旧城中心等，关注特色历史街区等地区的规划设计方法及规划重点、难点问题。课件及教学文件紧密结合中原特色地域地区发展情况，关注中原地区历史文化、社会经济及自然生态状况。

（2）VR/AR 虚拟现实技术支撑运用。突出线下课堂教学和线上交流互动融合，引入 VR/AR 虚拟现实技术运用，加强微课、慕课等网络课程体系的建设。利用建筑学院的"数字作业管理平台"，实现学生的调研报告、草图、草模、正图等作业提交和保存以及老师的批改和评分全部数字化、网络化，优化教学流程，完成设计类课程的全过程控制；利用学院建设的虚拟仿真实验室、智慧教室，促使学生在学习过程中基于沉浸式交互体验模式进行实时设计、实时项目体验、实时方案推敲、实时方案优化、实时经验积累，最大限度提升实际项目操作经验，快速把握空间感、尺度感，提升设计能力、操作能力。同时学生的设计作品、设计作业、实验案例亦将被高效转化为虚拟现实教学资源，充实教学资源库。

（3）将大数据实验室引入教学。构建城乡规划大数据信息实验室，在实验环境、实验仪器设备、实验内容、实验教材、实验指导等诸多方面得到大大提高的基础上，进一步提升学生的工程实践能力和创新能力。

（4）结合中国城乡规划发展前沿及热点问题。通过具有学术权威的期刊、会议论文集、网络信息平台等紧密跟踪中国城乡规划（城市规划）发展的前沿、空间规划以及大数据技术等热点问题，结合当前关注热点进行设计和选择实际地段进行设计。

（四）课堂组织形式

城市设计是城乡规划专业人才培养计划的一门核心课程，培养学生掌握发现城市实际问题的能力，掌握协调和综合处理城市问题的规划方法，全面掌握城市设计编制的内容与方法以及分工协作的精神。为达到这一教学目的，教学过程中采取多种形式的教学方法。

（1）教学组织上，采取以个人、小组及全班相结合的方式。以班为教学单位，将一个班级学生分成若干个设计小组，平均每个设计小组有 2~3 名学生，一个标准班级（25 人左右）配备 1 名专职指导教师和 1 名相关专业的辅导教师，由 1~2 名教师具体负责指导。

（2）在教学安排上，根据学习阶段分别安排个人学习、小组讨论和全班讨论。个人学习阶段指导教师根据个人的具体情况，提供针对性指导；小组讨论阶段学生重点介绍个人在小组分工中的工作成果，便于学生全面了解掌握整体情况；全班讨论阶段采取互动式方式，安排方案介绍、相互提问及答辩、集中讲评和总结等环节，旨在锻炼学生的综合表达能力。

（3）在教学过程中安排相关课程的教师进行专题讲授。如在研究确定城市设计空间结构布局时，教学小组邀请了城市设计原理方面的教师就城市空间布局方面的内容进行专题讲座，在方案制订过程中，邀请了河南省城乡规划设计研究院方面的专家就城镇旧城改造有关知识进行专题讲座和答疑。在此基础上学生和实际工程结合紧密，最终形成一套完整的城镇设计成果。

（4）信息化技术融入课堂组织。运用增强现实技术（AR），通过动画、微课、仿真模型的交互操作等形式，将虚拟模型与现实场景进行叠加，从而达到现实和虚拟完美结合的 AR 体验效果，学生只需利用手机或 iPad，通过 APP 即可获得全新的学习体验。VR/AR 虚拟现实增强信息化技术破除空间限制、安全限制，实现基于虚拟现实技术与信息化交互的高效实训/实验环境，有效利用教学资源，实现了课堂教学与课下实训的有机结合。学院 VR 和光辉城市信息化技术已经深入到每一个专业教室，学生方案有更深入体验感和尺度感。

（五）教学方法改革

（1）理论和实践结合。将理论知识与规划设计实践结合起来，对城市设计基本技能进行传授是本课程教学中重要和核心的方法。学生通过"真题假做"全程参与全国城乡规划专业指导委员会每年的竞赛题目进行实践，掌握城市设计编制中各个环节所需的知识。

（2）校外专家引入。鉴于本课程的复杂性和系统性，教学过程打破了一般课程设计由指导教师从头到尾单一指导的模式，在相应的教学阶段邀请规划设计单位经验丰富的工程技术人员对有关专项进行辅导和专题讲座，使本课程的教学环节更趋完整，进一步完善了学生的知识结构，效果良好。

（3）VR技术与教学的融合。通过空间认知、设计展示、规划模拟、数字平台互动教学四种教学方式，拓宽传统教学以听、看为主的知识接受方式，促使学生从"被动听课"向"主动创造"转变，使学生成为课堂的主体。

（六）教学方法手段

（1）现代城市发展和规划的实际趋势要求本课程在教学实施中跟踪并采用最新的信息技术手段。目前本课程已全面普及计算机的运用，在设计过程中对数字化的城镇信息进行必要的处理和运用，并在教学成果中充分应用和体现，取得良好的教学效果。华北水利水电大学城乡规划专业本科毕业学生的用人单位反馈信息表明，通过本课程的计算机运用的教学训练，毕业生在工作单位很快能够满足城乡规划（城市规划）中对计算机技术的要求。

（2）华水学堂上线的"城镇总体规划"精品在线课程和建筑学院组织建设的"数字作业管理平台"、虚拟仿真实验室，使得在"城镇总体规划"课程中学生可以高效运用所学知识，结合信息技术以及计算机辅助设计软件、地理信息技术（GIS）手段，强化了在城镇总体规划中信息技术的运用。

（3）在教学过程中，教师专题讲授已全部采用多媒体教学手段，并深度结合华北水利水电大学的校级精品在线开放课程"城镇总体规划"和相关的VR/AR虚拟现实信息技术，学生通过课外对多媒体课件和华水学堂在线慕课的反复学习，巩固和提高所学的城镇总体规划知识，通过虚拟现实信息技术，沉浸式体验城镇空间，领会空间布局规划要领。

（4）本课程在教学方法、作业、考试等方面完全摒弃传统课程以教师在课堂上单向传授知识、学生操练和提高（布置作业）和期中期末考试的方式，对此进行全面的教学改革探索，并形成具有特色的教学方法。

（七）考核方法改革

（1）可变任务书考核。授课前课程组教师集中讨论课程授课计划，统一制定设计任务书纲要，然后学生结合纲要制定分组可变任务书。

（2）阶段汇报考核。课堂分三个阶段，分别是集中讲授相关设计原理、一对一设计方案辅导、定期阶段成果汇报。

（3）阶段作业数字化管理考核。结合建筑学院已有数字化作业管理平台，要求电子化作业成果上传数据平台，实现设计成果联合在线评图等信息化教学管理，分阶段控制教学。

（4）灵活多样课堂考核。采取课堂讨论、小组互助、参观观摩等教学模式激发学生潜能，培养自主学习的学习兴趣。

（5）华水学堂、VR/AR 虚拟现实在线成果考核。结合"城镇总体规划"精品在线慕课建设和使用，敦促学生在华水学堂中深化学习，可通过华水学堂重复、多次学习演练相关设计手法，同时，要求设计小组完成各组独立的 VR/AR 虚拟现实成果模型，组织同学在 VR/AR 虚拟现实中检验体会自身学习成果，加深学习认知和设计思维的全面培养，使得课程考核多元化、多维化、体验化。

（八）课程考核模式

（1）调研报告。内容包括实例调研分析和基地调研分析。

（2）一次草图。内容包括认真进行现场调研，收集基础资料，整理、分析；绘制前期分析图纸，按比例绘制城市特色地段布局方案草图，确定规划方案发展方向，认真参加课堂讨论，进行多方案设计推敲。草图要求拷贝纸，2B 铅笔徒手绘制，表现方法不限。

（3）二次草图。内容包括确定不同地段总体布局，绘制程设计相关规划等。草图要求拷贝纸，2B 铅笔徒手绘制，表现方法不限。

（4）三次草图。内容包括核对各项指标是否符合规范，完善修改；编制规划说明书、文本等进行 CAD 绘图。

（5）正图及表现。要求 A1 图幅，统一图签，全部 CAD 作图。

（6）VR/AR 虚拟现实模型。共分为模型分阶段推敲电子模型和最终成果电子模型两大部分。

（7）相关视频成果。含阶段汇报、正式图成果展示等各个环节。具体考核要求与比例见表4-1。

表 4-1　考核要素及比例

平时（成绩）60%						成果表达（成绩）10%	相关视频成果（成绩）15%		VR/AR 模型（成绩）15%	
调研成果	现场汇报	一草绘制	二草绘制	三草绘制	考勤		平时成果	正式成果	平时模型	正式模型
10%	10%	10%	10%	10%	10%	10%	5%	10%	5%	10%

四、基于虚拟仿真 VR 教学技术的规划设计课案例

城乡规划（城市规划）设计大量涉及建筑、广场、街道、绿地等空间形态要素，关系到城市空间的景观、利用效率、使用效果，因而培养学生对城市空间的认知、分析和设计能力一直以来都是城乡规划（城市规划）设计专业教学的核心内容。由于城市本身不可能在规划设计课程中创造出来，因此传统教学中只能通过实景照片、平面图、透视图、手工模型等方式来辅助学生想象城市的空间效果。但通过这些传统方式仍然很难让学生感受到真实的空间形状、尺度、比例、空间关系等，这极大地制约了教学的效果。具体表现如下：

（1）学习难度大。在分析或设计城市空间时，学生不能直接感受到最终的空间形态，而只能借助图纸来间接想象，部分学生甚至因空间想象能力有限而丧失学习信心。

（2）师生沟通困难。教师讲解的城市案例或者帮学生修改的规划方案，部分学生难以理解其空间效果。

（3）学生容易形成失真的空间感，创作出脱离现实的城市空间，例如庞大广场、巨大建筑、超宽道路等。

解决上述教学问题的一种较好方案是引入虚拟仿真技术。虚拟仿真（VR）是一种可以创建和体验虚拟世界的计算机系统，能够让体验者沉浸到所创建的虚拟空间中进行体验。对于城乡规划（城市规划）教学，虚拟仿真技术能为体验和创建城市三维空间提供强有力的支持，它可以让使用者身临其境地在城市街道、广场中漫步，步移景异，感受城市的轮廓线，

在电视塔上俯瞰全城，也可以在漫游过程中对建筑、环境、道路、广场等城市设计要素进行推敲和方案调整。

而今，VR 技术已经逐渐成熟，使用成本也大幅度降低，技术门槛也越来越低，已广泛进入到普通市民的日常生活娱乐之中。同时国家也在积极支持信息化教学的创新，例如《教育信息化"十三五"规划》特别强调"要综合利用互联网、大数据、人工智能和 VR 技术探索未来教育教学新模式"。因此将其引入城乡规划（城市规划）设计教学是可行且必要的。VR 教学的实现一方面需要多样化 VR 显示设备，以应用于不同的教学情境；另一方面需要 VR 场景素材，大多数需要教师或学生自行制作。下面对规划课堂中的 VR 显示设备和 VR 场景制作技术做简要介绍。

（一）课堂 VR 显示设备

VR 显示设备种类繁多，针对规划设计教学，现阶段推荐使用以下三类，它们都已民用化，价格适中，可以使用于课堂教学。

（1）3D 投影仪。3D 高清投影仪加上快门式 3D 眼镜，就可以较好地呈现出三维场景，并允许多人同时查看，这就为师生在三维环境中互动提供了可能，十分适合于教师在场景中进行操作和讲解，例如漫游、扭头等，学生们集体被动查看的情景。

（2）手机 VR 眼镜。手机 VR 眼镜大致分为两种，一种是以播放三维虚拟视频为主的手机盒子，如暴风魔镜，但不具有交互性，目前只能实现全景环视；另一种是拥有更多虚拟交互能力的专业手机 VR 眼镜，如三星 Gear，可以和场景做少量互动，如切换场景等。手机 VR 眼镜具有便携性强、成本较低、易于搭建的优点，是最易普及的 VR 设备。课堂上，手机 VR 眼镜加上学生自己的手机，就可以马上变身为 VR 设备，非常适合学生们自主学习体验。

（3）VR 头盔。VR 头盔主要通过以下四个设备给使用者提供沉浸式体验：一个头戴式显示器、两个手持控制器、一个同时追踪显示器与控制器的定位系统。常用的 VR 头盔有 HTC VIVE、Oculus Rift 等。VR 头盔的优点是能够提供浸入式的虚拟现实场景体验，佩戴者可以在场景中自由移动、全景环视甚至改变场景中的内容，是三种硬件平台中体验最好的一种设备。但是设备的便携性较差，搭建较为复杂，设备成本很高，且只能单人体验，所以，一般不方便带至普通教室，更适用于在仿真实验室中使用。

（二）课堂 VR 场景素材的制作技术

VR 教学不仅需要 VR 设备，更需要 VR 场景素材。除了现成的 VR 城市场景，很多情况下需要教师和学生自行制作，甚至在课堂上现场制作。大致包含以下两个步骤：

（1）规划场景的模型制作。为了得到 VR 场景素材，首先需要制作场景模型。根据模型场景的大小可以使用不同的建模软件进行建模。对于大型场景，可以使用 CityEngine 这一参数化建模软件来高效建模；对于小型场景，可以使用 SketchUp、3DMAX 等建模软件来进行精细化建模。当然也可以直接使用现有的模型。

（2）规划场景的 VR 转换。有了模型之后，还需要一些工具和方法将这些模型转换成能够在 VR 设备中全景查看、漫游互动的 VR 程序或 3D 全景视频。通过尝试，我们摸索出以下三种可行的方法。

对于 CityEngine 制作的模型，可以通过软件自带的 VR 成果导出功能，转换为 360VR 格式，再通过三星 Gear 手机 VR 眼镜查看。

对于 SketchUp 制作的模型，可以通过 lrisVR 的 Prospect、Scope 软件将场景模型转化到 VR 头盔可以查看的程序，或者 VR 眼镜中可以查看的全景 3D 视频。

上述两种方法都比较简便快捷，但体验效果相对一般。如果想取得更加真实、细腻的效果，还需要专业的 VR 制作软件 Unity3D。它的功能十分强大，可以支持多种格式的三维模型，在导入场景模型之后，可以进行观测视角设置、漫游路线设置、光影效果调整等，最后可以输出为程序文件或 3D 视频格式，然后就可以通过 3D 投影仪、手机 VR 眼镜和 HTC VIVE 等 VR 硬件平台进行课堂教学了。

（三）空间认知的 VR 教学方法和实例

空间认知能力是学生开展空间分析和空间规划的基础，但在传统的规划设计教学中，对学生空间认知能力的培养主要依靠学生自身的想象力，局限性较大，效果不佳。VR 技术为这个问题的解决带来新的可能。

1. 空间认知的 VR 教学方法

利用上述课堂 VR 设备，我们初步构建了三种 VR 教学方法。

（1）课堂集体教学。主要基于 "3D 高清投影仪+快门式 3D 眼镜+VR 高性能便携主机" 来实现。具体而言，教师将三维场景投影到投影幕布上，包括 3D 照片、3D 视频、3D 教学程序等，学生们佩戴上快门式 3D 眼镜就可以看到幕布上的三维场景，从而获得比较真实的虚拟体验，同时结合教师的讲解就可以更好地理解空间环境。

（2）课上自主学习。主要基于 "手机 VR 眼镜+学生手机" 来实现。教师将 3D 照片、3D 视频推送到学生手机，学生将手机放置到 VR 眼镜中，查看教学内容。其体验比 3D 投影仪效果要更为真实，且可以在场景中自由环视，全方位体验场景各个角落。该方法可用于规划课堂中的学生自主学习环节。

（3）课下体验学习。主要基于 "VR 头盔 HTC VIVE+高性能主机" 来实现。教师在高性能主机中预装 VR 教学程序，学生佩戴 VR 头盔，在其他同学的辅助下，浸入虚拟教学场景，在其中自由行走，身临其境地体验。该方式效果最佳，可以给学生提供全感官沉浸学习的条件，达到和实地踏勘相接近的效果，特别适用于空间感较弱的同学。

2. 空间认知的 VR 教学实例

为了简化上述技术操作，方便教师开展 VR 教学，我们开发了 "经典城市空间虚拟仿真系统"。它针对一些教学中普遍使用的规划经典案例，构建了三维虚拟现实场景库（一期建设包含了紫禁城与陆家嘴 CBD），能够实现三维场景漫游、空间功能解析、交通组织解析、重要建筑详细介绍等功能，可以有效地辅助教师讲解案例，帮助学生理解经典城市空间的结构形式、场景效果和景观特色等。并且它集成了上述三种 VR 教学方法，分别对应三个子系统：3D 投影版、3D 漫游视频版、VR 头盔版。下面分别针对这三种 VR 子系统，介绍该实例的应用。

（1）经典城市空间虚拟仿真系统 3D 投影版。该子系统主要应用在课堂集体教学阶段，教师通过 3D 投影仪将经典城市空间展现在课堂上，教师和学生一起沉浸在三维空间环境中。学生和老师可以自主选择路线在经典城市空间中漫游，教师可以在重点空间处停留，讲解眼前的建筑或空间。通过这种直观、趣味的教学，不论是学生的学习主动性还是教学效果都有很大程度的提升。此外通过视角切换，学生还可以对规划案例的平面图、剖面图等进行观察。通过对比二维图纸和三维场景，可以更全面地理解及把握规划案例的空间特性和平面尺度。

（2）经典城市空间 3D 漫游视频版。该子系统主要应用在课堂上的自主学习阶段，教师可提前将讲解过程与漫游过程在仿真系统中录制好，并上传到系统。在课堂的自主学习阶段，学生根据自己的喜好，在系统中下载不同漫游路线的 3D 视频到自己的手机中，然后通过手机 VR 眼镜沉浸学习。在这个过程中，学生都是以第一人称视角在整个案例场景中进行游览、漫步，在遇到心仪的城市空间时，亦可停留环视四周深入学习。这极大地激发了学生的自主学习热情，提高了教学效率。

（3）经典城市空间虚拟仿真系统 VR 头盔版。该子系统需要佩戴 VR 头盔 HTC VIVE 来使用，其体验最为真实。使用者以第一人称视角在场景中漫游，看到的空间尺度和实际体验的尺度基本一致，并且定位系统还可以实时捕捉到使用者的体态变化，并将其映射到 VR 场景中，同步实现走动、跳跃、转身等动作。此外还可以通过手持控制器选择 VR 对象进行互动查询。通过自主操作，学生能更容易地沉浸到案例场景中，并且拥有比课堂中更多的角度去理解规划案例的经典之处。这极大地提升了城乡规划（城市规划）学生的空间感，训练了他们的空间思维能力，同时增加了学习的趣味性。

（四）空间设计的 VR 教学

规划设计课程的重点在于，从空间的认知与分析中发现存在的问题，继而运用空间设计的手段来达到解决问题之目的。但现阶段教学中，由于空间场景建立周期长、缺乏人本角度感受空间等问题，导致学生在设计创作中常常脱离实际，方案的尺度感与宜人性大打折扣。VR 教学的引入为此问题的解决提供了可能。

空间设计的教学一般分两个阶段，即现状调查分析和规划设计，与之相对应的，空间设计 VR 教学方法也主要包含这两部分，具体如下：

（1）VR 现状调查和分析方法。现状调研阶段对设计对象的场地、空间特性、与周边场地空间关系等方面进行调查分析。而 VR 教学可以通过对现状进行 3D 全景摄像，或者基于收集到的资料，通过 CityEngine 进行现状场景建模，将设计对象的空间现状转化为 VR 场景。然后就可以在分析阶段，通过 VR 设备，让学生重返"现场"，反复查看和精细分析，从而提升现状调研的效果。

（2）VR 空间设计教学方法。根据设计对象的尺度级别，教学可分为两类：一类是大尺度的空间设计教学；另一类是小尺度的空间设计教学。两者的方法略有差异。

大尺度的空间设计如果利用传统建模软件将是一项非常耗时耗力的环节，不利于在课堂上进行。但 CityEngine 这一新型参数化城市建模软件，有着建模速度快、效果好、可动态实时调整等优势，使得在课堂上开展大尺度的空间场景设计和分析成为可能。特别是它具有的移动端 VR 成果输出功能，可以实时将模型转换成 VR 场景，大幅缩短了 VR 空间场景的建设周期。

小尺度的空间设计则是在 SketchUp 等建模软件中建立设计方案的模型，然后在 lrisVR 中迅速转换为 VR 场景。VR 场景构建之后，可以通过三维投影集体评图，也可以基于手机 VR 眼镜一对一指导。由于教师和学生均处于相同的空间语境下，交流更加顺畅，表述更加准确，指导效率更高。学生根据老师的意见适时修改方案，再导出成 VR 场景供教师指导，反复迭代直至达到教学目标。

五、虚拟现实技术应用专题案例——体验式课程设计

2018 年华北水利水电大学建筑学院开始进行"设计课程空间体验式教学在线开放实验"项目和"VR 课堂"项目，将规划设计的控制性详细规划、住区规划纳入到了课程设计教学改革的体系内。

（一）教学理念

1. 教学思路

课程围绕"空间尺度"和"空间关系"两个核心要素展开，利用虚拟现实技术模拟场景，借助 VR 沉浸式空间体验，形成以空间为主线的"认知、感悟、设计"的规划设计教学思路。通过虚拟设计基地空间场景，形成虚拟与现实互动的调研认知新模式，增强学生的认知深度；通过虚拟典型空间场景，帮助学生快速高效理解空间尺度、人群行为活动与空间的关系、建立空间营造的方法；通过虚拟学生自己设计方案场景，帮助学生验证空间思路、优化方案。

2. 学生地位

该课程教学过程做到了"以学生为主体、教师为主导"，采用启发式、感悟式、交互式教学方法，引导学生从发现的基地问题或特征出发，结合自己对基地和规划的设想，确定设计理念、建立设计体系，从以往帮助学生修改设计方案模式中，让学生在虚拟现实场景的体验中发现问题，解决问题，充分调动学生学习的积极性，培养学生自主学习能力、创新能力和批判思维能力，养成良好的问题和目标导向下的设计习惯。

3. 教学特色

（1）优化设计过程。利用虚拟现实技术，重新组织教学过程，把在图纸上二维设计、修改空间的过程，运用虚拟现实技术，加入交互式体验空间环节，形成"设计空间—体验空间—修改空间"更加科学的设计过程，快速把握空间感、尺度感。

（2）验证设计理念。以外部空间为核心，向上拓展到区域空间，向下延伸到建筑内部空间的复杂空间体系，将社会学、社会调查分析方法运用到虚拟现实体验空间的验证中，让虚拟空间的体验验证更加科学合理，使住区设计得以回归生活，回归空间。

4. 课堂组织

采取以个人、小组及全班相结合的方式。以班为教学单位，将一个班级学生分成若干个设计小组，平均每个设计小组有 5~6 名学生，增加学生之间的相互交流讨论，特别是借助 VR 的不同层面的交互讨论。

（二）教学计划

课程共 8 周的教学时间，根据虚拟现实技术 MARS 的配合程度，规划课程设计类型对应的训练主题和目标，重新组织了教学计划，具体安排见表 4-2。

表 4-2 基于虚拟现实空间体验式教学改革的规划设计教学计划

时间		教学动作	MARS 配合方案	主题/目标	介入形式	模块名称
第1周	1	理论讲解	PPT 演讲和 VR 体验，教师讲解设计前沿理论，学生进入 VR 体验空间	建立学生空间设计重要性概念	现场集中大课	01 第一堂引导课模块
	2	案例分析成果展示	收集自学反馈，与无 VR 体验组做对比，量化学习结果	在案例分析中找到对应的设计启示		02 设计作品案例学习模块
第2周	3	基地 VR 虚拟任务体验式讲解	基地所在区域模型 VR 可视化，通过虚拟体验引发学生的思考	1. 现场调研感知与虚拟体验感悟实时互动 2. 激发学生全方位认知基地	自主学习+线上支持	03 学生常规教学应用模块
	4	基地现场调研	借助虚拟任务书验证现场调研感知			
第3周	5	设计条件分析、规划设计理念确定		基地条件与设计前沿、趋势结合下的创新设计理念		
	6	空间结构 VR 虚拟体验优化	利用 MARS 在场地中画草图	MARS+城市视角空间结构推敲		03 学生常规教学应用模块

时间		教学动作	MARS 配合方案	主题/目标	介入形式	模块名称
第4周	7	建筑形态设计		不能功能建筑，建筑形态的区别		
	8					04 MARS 相关高阶教程/建模技巧资源模块
第5周	9	建筑群体空间VR虚拟体验优化	在场地中推敲建筑群体关系、空间营造效果	MARS+城市视角、人视角建筑布局推敲		
	10	建筑群体空间组合优化设计		建筑群体空间组合的空间感		04 MARS 相关高阶教程/建模技巧资源模块
第6周	11	外部空间设计		从设计人群行为活动出发设计外部空间	自主学习+线上支持	
	12	外部空间VR虚拟体验优化	1. 第一人称视角的外部空间开敞度、比例尺度、界面 2. 从人的心理角度体验行为活动与空间的匹配度	MARS+外部空间的空间感推敲设计		04 MARS 相关高阶教程/建模技巧资源模块
第7周	13	确定表现图的形式和内容	1. 教学资源输送/建模习惯讲解 2. 快速输出效果图、分析图、全景图、动画	MARS+表现		03 学生常规教学应用模块
	14	确定正图排版形式风格				

续表

时间		教学动作	MARS 配合方案	主题/目标	介入形式	模块名称
第 8 周	15	VR 汇报现场辅导	su 模型 VR 自查	1. MARS＋学生自主优化方案 2. MARS＋汇报	现场辅导/协助 （为期两天）	05 汇报配合模块
	16	成果展示、教学效果测评	方案数据收集评估，校企双方共评	数据分析，教学验证、使用评估		06 教学效果评估模块

（三）教学成果

根据学生小组制定的城市设计方案，在 CityEngine 中批量生成建筑，构建出较为真实的城市设计场景，然后导出至 VR 设备中，仔细分析轴线尺度、开放空间大小、城市轮廓等，并开展多方案比较。如此，可将方案设计与方案空间感知紧密结合在一起，学生的设计作品变得更加贴合实际。如图 4-11 所示，给出的是课堂现场实景。

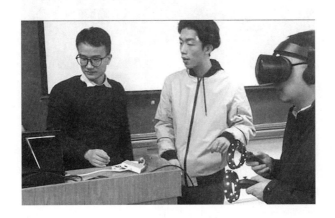

（a）

图 4-11　现场实景

(b)

(c)

图 4-11 现场实景（续）

我们在总规课程设计中，以《郑州惠济区住区规划设计》为例开展了
VR 教学实践，取得了初步成效。该实践中，VR 教学主要用在现状分析、
土地使用规划与总体城市设计等方面。经过一个学期的"虚拟现实"课程
设计教学改革，教学工作初具成效，主要体现在以下三个方面：

（1）"交互式"辅导，教学模式从传统面对面图纸语言沟通模式转化
为借助虚拟场景中的"交互式"辅导。

（2）实时反馈，借助 VR 沉浸式体验，学生可以发现自己虚拟场景中
的问题，并及时做设计调整和体验反馈，大幅提升设计效率。

（3）多尺度空间认知融合，学生在虚拟场景中可以切换不同的视角，满足住区建筑内部空间、建筑外部空间、建筑群体空间的多元空间体系的空间认知视角需求的差异问题。

如图4-12所示，给出了VR模拟演示效果，列出了传统教学与VR教学在方法、效果上的对比（见表4-3）。

图 4-12　VR 模拟演示效果

表 4-3　传统教学与 VR 教学在方法、效果上的对比

教学阶段		传统教学		VR 教学	
		教学方法	教学效果	教学方法	教学效果
空间认知	实地认知	实地走访、资料查阅	囿于现实条件因素，认知视野受限，无法全局理解场所空间特性，教学过程费时费力	基于谷歌 VR 地球、3D 全景摄影等对空间场所进行复现	VR 体验下能够多视角反复观察，直观、全局地理解空间特性
	案例认知	以空间案例的平面图、文字等资料讲解为主	易产生理解差异，沟通效率不高；学生学习兴趣不浓	针对城市规划经典案例构建 VR 场景库，学生在其中进行漫游体验	学生能够直观地印证教师对空间案例的讲解，师生沟通高效，教学充满趣味性

教学阶段		传统教学		VR 教学	
		教学方法	教学效果	教学方法	教学效果
空间设计	空间调研	实地调研、图像拍摄、文字记录等	现状调研资料不便于后续的理解分析，调查与分析隔离进行，并且在后续阶段容易遗忘	3D 全景摄影、City-Engine 快速搭建现状 VR 场景	直观地理解设计对象的空间现状，观察与分析同时进行并可供后续反复观看
	空间设计	学生以平面图的形式进行空间布局，再根据平面底图构建出三维模型，查看效果	设计周期长，方案容易丧失尺度感，创作出脱离现实的空间，方案优化效率低下	直接在三维环境中开展设计，构建模型，制作 VR 场景，在 VR 环境中分析和优化方案	学生的方案创作结合空间感受，方案尺度感与空间感宜人、设计效率提高，方案优化快捷

六、VR 教学在城市社会学中的运用

（一）应用背景

"城市社会学"是社会学与城市学的交叉学科，是目前城乡规划专业大三或大四的一门专业限选修课，亦可供城市规划的研究、编制和管理人员学习，以及地理学科、社会学科等相关专业参考，是相对通识教育的理论课程。其中针对城乡规划专业学生开设的课程，是基于一种"以社会学来审视城市，以城市规划来延伸社会学"的跨越式的初衷和愿景，以当前城市空间产生的主要技术手段——城市规划为依托，分别从社会学视角、社会学基础、社会学要素、社会学过程、社会学方法等方面入手，较系统地阐释了城市规划工作展开的切入角度、理论基础、实施对象、组织过程、技术手段等内容，旨在实现"社会"与"空间"两个维度的联结，使主要的社会学议题能够在城市规划的过程、方法和语境中被理解、思考和干预。

虚拟现实技术和城乡规划专业的结合，包括仿真展示和互动交流两部

分，对规划项目进行真实再现，并提供良好交互性；而城市社会学研究相对宏观和非空间，故虚拟现实技术在某些专题中起到辅助作用，比如探讨"社会与空间的互动""人与空间的互动"等，希望通过虚拟现实技术的探索，为课程中某些专题讲解提供更多的手段和方式。

（二）城市社会学课程教改核心内容

本理论课程教改的核心理念是实现情境创造，推动教学互动，核心内容如下：

（1）运用虚拟现实相关联的电子设备和软件技术等教学手段，有效调动学生兴趣和积极性，为学生提供更理想的设计大环境。

（2）运用虚拟现实沉浸式和互动式等多种教学优势，与教材知识点的结合，提升学生信息获取能力、理解能力和运用能力。

（3）运用虚拟现实仿真模拟设计方案，通过直观感受优化设计缺陷，对不同规划方案、施工方式等进行模拟比对，选取最优方案。

（4）采用视频慕课的形式，用"剧情"增加理论知识的讲解。

（三）城市社会学在 VR 虚拟体验思考

（1）VR 技术可以提供以下几方面的体验：

1）虚拟空间的感知。具体包括物质空间的感知、人群互动的感知、加入时间的动态概念、调研的数据收集等。

2）社会调研要素的场景化植入。具体包括动态轨迹的记录、调研要素中 VR 的展现、调研动作的设置、城市 3D 信息等。

3）公众参与。具体包括自下而上的设计、方案公示、弱势群体的需求、二维码留言等。

4）交互交流体验。具体包括与场景的互动、与人的互动交流、人与空间的互动等。

（2）课程想要实现的主要目标如下：

1）热闹繁华的场景虚拟再现。

2）互动交流的场景表现。

3）多种人文、植物，多种影响要素的植入。

4）人为行为的时间路径。

5）呈现的场景——故事剧情虚拟演示。

（3）场景设置和理论讲解结合，具体如下：

场景1：居住住宅内—留守老人、孤独老人等—老龄化问题探讨。

场景2：居民楼道口—邻里交往场景—女性空间—单位制社区活动。

场景3：课堂黑板前—拆迁补偿问题—公众参与—社会现象背后的原因—利益博弈。

场景4：屏幕前—理论知识讲解—比如帝都绘北京墙面形式。

场景5：小区停车棚里的打麻将的老人—交往空间。

场景6：不同类型建筑前—建筑材质、尺度、无障碍设计。

场景7：市民生活场景—乱停车、缺少无障碍设计、无电梯、乱加建—社区管理与管制实现。

场景8：生活场景，如奶奶忆苦思甜—对比空间改造前后差别。

场景切换：万家灯火—社会阶层—空间分异差别。

七、结论和展望

本书针对规划设计教学中空间感培养和空间设计难度大的问题，引入了VR技术，提出了适合于课堂的VR技术体系，介绍了针对空间认知教学而开发的经典城市空间虚拟仿真系统，以及针对空间设计教学而研发的三维规划设计的技术，并总结了利用这些技术开展VR教学的方法。就目前的初步尝试来看，取得了较好的效果。可以初步判断，VR教学是未来规划设计类教学的发展趋势，可广泛应用于规划设计初步、居住区规划、城市设计、景观设计、城市总体规划设计、规划设计实习等专业课程，有效帮助学生培养空间场所感，训练他们空间场所思考、分析和设计的能力，并便利师生交流，提高课堂效率。

尽管如此，对于规划设计课程中的VR教学，我们仍然还处于探索阶段，所提出的方法和技术还不够成熟，许多问题还有待进一步深入研究，例如教学内容调整、教学方法设计、教学组织、教学秩序维护等，这些都需要在后续大量教学实践的基础上不断地验证和完善。

（一）空间认知体验改革详规空间认知体验

详规设计题目主要为城市住区、旧城更新或城市公共区域等与日常生活或公共生活紧密相关的城市功能类型。此类型设计题目对空间的设计要求较高，特别是当城市由增量空间向存量空间转变后，设计更应该从人的尺度、人的需求出发，打破"N心N带"理念层面的详规空间结构规划思维，以人为本，为人营造场所。因此，为了提升学生的空间认知能力、分析能力、感悟能力，详规空间认知体验实验主要是针对学生方案中不同类型、不同尺度、不同形态的外部空间进行，让学生在实验中体验外部空间与人群行为活动的关系、外部空间与人群行为心理的关系，让他们在实验中验证自己对空间的设计理念和设想。

（二）空间认知体验改革控规空间认知体验

控规相比详规教学难度更大，如何通过有效的教学方法让学生理解容积率、建筑密度、建筑高度、贴线率、绿地率等这些数据后面隐藏的建筑形态、建筑形态和组合方式影响下的空间形态等物质内容，是教学课题组一直致力于改革的方向。而虚拟现实技术可以让学生通过沉浸式体验感受不同的城市空间，感受城市空间与控制数据的联系。因此，控规空间认知体验实验，建立不同容积率等控制数据、不同功能等城市空间的虚拟仿真数据库，让学生去体验中建立控制指标与城市物质空间的联系，帮助他们快速、高效、合理地组织自己设计任务当中的城市空间，并转化为科学的控制指标体系。

（三）VR教学方法和效果总结

通过上述VR教学实例可以看出，与传统方法相比，VR技术在城市空间展示、空间构建等方面具有直观、高效、便捷的优势，能很好地弥补现阶段规划设计课程中关于空间的认知、设计等方面的教学局限，优化教学效果。

总体而言，VR教学对于规划设计课程而言有着以下效果：

（1）增强学生空间认知与设计能力，增强其学习兴趣。

（2）便于教师多样化教授专业知识，提高教学沟通效率。

（3）增添专业课程与教学的趣味性，为教学注入活力。

第八节　项目创新与研究展望

一、项目创新点

城乡规划（城市规划）设计教学十分强调对学生空间感的训练和培养，但当前基于实景照片、平面图、透视图、手工模型等的传统教学方法却很难让学生真实感受到空间的尺度、比例、空间关系等，制约了教学的效果。而虚拟仿真技术（VR），因其具有"沉浸式体验""真实感强"等特点。可以有效地弥补上述局限，同时 VR 的普及和民用化为在普通教室开展 VR 教学提供了可能。为此，本书把 VR 技术和规划设计课程中的空间认知、空间设计等教学环节结合起来，提出了适合普通课堂的 VR 教学技术体系，包括硬件平台和技术实现流程，并结合案例介绍了针对空间认知的 VR 教学方法，介绍了针对空间设计的 VR 教学方法，最后在对比传统教学的基础上，总结了规划设计课程中的系列 VR 教学方法及其教学效果。

二、推广价值

本书旨在建立符合 21 世纪我国城乡规划专业高等教育规律要求的教学体系，经过多年的教学实践，围绕"城乡规划专业实践课程创新"的主线所构建的"以学生为主体、强化学生交流、引入室外展评、设计师专题讲座"的应用型城乡规划专业实践课程教学培养模式，业已形成自己的特色，课堂教学受到学生的欢迎，激发了学生的学习热情；通过本教改的培养，为学生打下了坚实的城乡规划设计基础，不但赢得同行教学组老师的认可，也使学生毕业后得到社会的认可。

三、展望

通过对城乡规划专业本科课程和信息技术类课程的现状需求分析，发现信息技术类课程迫切需要与其他传统核心课程进行融合和创新，将信息技术类课程的模块内容融合到规划原理课程和规划设计课程中，并在总体规划和控制性详细规划的设计课程中实现规划"一张图"。研究表明，该实践教学成效显著，为推进城乡规划专业信息技术类课程的发展提供了参考。但存在问题还有以下三点：

（1）城乡规划设计核心课和地理信息系统的融合度不够。

（2）虚拟现实实验室的兴趣小组需要和创新创业项目结合。

（3）需要建立长期的信息技术老师和设计课老师的技术团队。

通过对城乡规划专业信息技术类课程的教学现状、教学需求及发展趋势的分析，信息技术在城乡规划专业的应用已经逐渐成为城乡规划从业者的技能要求和发展趋势。无论是城乡规划的实施管理、城乡规划的编制设计，还是城乡规划的决策支持，都需要信息技术的支持。在大数据和信息化发展时代，进一步完善大数据融入城乡规划专业的培养计划和教学大纲，重点体现大数据与城市设计的深度融合，形成全新的教育教学模式。培养以大数据分析应用为主的双师型城乡规划应用人才，满足市场需求。以应用型数字化课程体系的完善为主导，探索城乡规划学课程体系中数字化课程的新定位和新方法，对于未来人才培养具有重大的实践意义。

第五章　实践教学环节创新研究

第一节　宏观大背景

一、课题背景

教育部印发了《关于进一步加强高等学校本科教学工作的若干意见》，提出"大力加强实践教学，切实提高大学生的实践能力"的教学方向。在此目标指引下，实践教学应体现质量性、应用性、多元化和创新性的特点。城乡规划专业实践教学应以此为指导，结合自身专业特色进行优化研究与实践。

自城乡规划学作为一级学科设置以来，中外学者对于城乡规划学科建设的理论与建设、学科内涵与外延等问题展开了一系列的研究，其中重要的观点之一在于强调城乡规划学科的科学性和实践性，也就是说既要在理论课中根据实践的需求构建实用的知识体系，又在实践课教学中贯穿知识的应用和面向执业能力的衔接。故此，本书在分析研究城乡规划专业现有实践教学中存在的问题，研究新时代发展下实践教学环境急需解决的主要矛盾的基础上，对城乡规划专业实践教学的教学结构、教学内容以及教学手段进行优化研究。研究实践课程和非实践课程之间的联系，寻找两者的最佳结合途径，形成理论与实践相结合的具有创新性的城乡规划专业教学模式。结合实践教学优化研究在学生中的实际运用，在补充完善的基础上改革旧的实践教学体系，形成紧凑、连贯的创新实践教学体系。提出实践教学多模式、重过程的优化改革思路，以期能在城乡规划专业培养中发挥出实践教学应有的重要作用和现实意义。教学质量是教育的生命，实践环节教学质量的优劣直接影响整个理工科的教学质量。城乡规划专业是一门实践性极强的专业，随着城乡规划一级学科的成立，以及《高等学校城乡规划本科指导性专业规范》（2013 年版）的出台，全国城乡规划专业实践教育必将面临新一轮的改革和调整。对于地方高等院校，特别是中部高等院校如何在新形势下改善办学条件、提高办学质量，将是地方院校学科生存和发展的重要内容。

二、城乡规划本科实践课程的设置要求

城乡规划专业本科生培养核心在于课程体系的建设，当前欧美各国十分重视课程体系中的实践课程的设置，荷兰通过政府、院校及相关部门通力合作，建立"实践研究院"，美国麻省理工学院和瑞典皇家工学院等四所大学共同倡导 CDIO 模式，即构思（conceive）、设计（design）、实施（implement）与运行（operate），集中体现"做中学"的观念，强调以能力增强与否评价教学效果和质量。对于我国而言，本科毕业生去向可以分为三类：一是工作，从事规划研究、设计和管理等，在设计院、规划管理部门、地产公司和教学单位等；二是在国内读研，主要分为学术型和专业型硕士，涵盖六大方向；三是去国外读研，主要是去欧美国家，研究经济、环境、城市更新、城市设计、公共政策等方向。因此，在本科教育阶段，通过实践课程的设置与实施，应满足以下四个方面的要求：

（1）理论课程的知识应用。我国设置城乡规划及相似专业的高校主要依托于地理、建筑和农林三大理论基础，同时随着城乡规划行业的发展，对规划师的专业技能要求日益提高，多元化的知识融合造就了城乡规划专业庞大的知识体系。而城乡规划本身作为一门实践应用型学科，理论知识必须与实践环节相互穿插，相互促进。本科实践课程设置应以加强理论知识为基础目标，培养复合能力的专业人才为最终目标。

（2）学科方向的实践准备。城乡规划学二级学科设置包括区域发展与

规划等6个方面，并且各学科方向对于实践的要求也不尽相同，这也充分体现了行业的社会需求。因此，城乡规划本科课程教学应培养面向全学科分类的多方向实践能力，以推进各学科方向齐头并进发展。

（3）执业工作的能力培养。未来一段时期我国将仍处于城镇化的快速发展阶段，良好的执业能力依旧是专业培养的首要任务，针对工作去向差异，需要满足不同实践能力培养。城乡规划实践课程中应兼具培养物质规划、政策规划、人文规划、施工规划等基础专业实践能力和理性分析、团队合作、创新设计以及综合表达等实践能力。

（4）专业发展的国际接轨。近年来，在全球化的影响下，我国城乡规划逐步与国外相关领域接轨，国外有效的教学模式、管理模式及就业方式等也在推动着城乡规划（城市规划）教育的发展变化。因此，实践课程的设置不仅要面向国内当前传统的物质规划需求，同时，需要拓展视野，融入国际化人才培养体系之中。

三、城乡规划专业实践课程设置现状

华北水利水电大学城乡规划专业教学从过去的四年制到现在的五年制，均以建筑学为基础，融合多学科知识，理论与实践结合，以培养具备城乡规划（城市规划）、城市设计等方面的知识，能在城乡规划（城市规划）设计、城乡规划（城市规划）管理、决策咨询、房地产开发等部门从事规划设计与管理，开展城市道路交通规划、城市市政工程规划、园林游憩系统规划，并能参与城市社会与经济发展规划、区域规划、城市开发、房地产筹划以及相关政策法规研究等方面工作的规划学科高级工程技术人才为主要目标。

实践类课程的目的与宗旨是通过实践教学环节，培养学生分析问题、解决问题的能力。但传统的实践类课程通常采用的是先给定实践题目要求，然后进行学生实践，最后形成实践报告成果的教学方式。这种方式往往过分关注成果的表达，实践的学习变成了表现技法的比拼，表现不佳的学生分数较低，他们的积极性被抹杀掉，实践类课程的学习成为"产品的包装"。事实上，实践类课程教学应告诉学生城乡规划的过程是什么，而不单单是设计的成果。可以说实践参与的过程比结果更为重要，这是因为在不同的具体条件下，设计的结果可以多种多样，但是实践过程却大同小异。在实践中对学生的设计思维活动也有一定范式可循，培养学生的思维，重视学习的过程，这才是实践教学的重点。

第二节　实践教学改革的内容

一、专业实践环节的不足和问题

（一）城乡规划专业人才培养计划有待进一步完善

经过近 20 年的教学实践，学校先后编制完成了五个版本的《城乡规划专业本科人才培养方案》，在每一轮人才培养方案调整中都很重视实践环节。以 2016 年版《城乡规划专业本科人才培养方案》为例，该环节形成于建筑大类招生的第一年，主要实践性环节有军事技能训练、暑期社会实践、素描实习、色彩实习、模型制作、城乡认知实习、城市空间专项调查实习、城乡总体规划调查实习、测绘实习、毕业实习、毕业设计等。主要实践设计课程有设计基础 1~4、居住区规划设计、城市总体规划设计、城市设计、控制性详细规划、旧城改造设计等。所有实验实践教学学分占总学分比例为 30%。可见学院对城乡规划专业学生的认识调研能力和规划设计能力都有足够的重视。尤其是规划管理实习、毕业实习、毕业设计形成三位一体、导师负责制度，更便于对学生进行管理，唯一不足就是培养计划在新增了城市设计方向后，需要更加明确新的城市设计方向的人才培养计划。

（二）师资力量薄弱，因材施教困难重重

高校城乡规划专业教师稀缺，特别是高学历专业教师奇缺，这是当前

国内开办有城乡规划专业高校的普遍现象。而华北水利水电大学地处中北部经济欠发达地区，更是很难引进高学历的城乡规划专业人才。时至今日，城乡规划教研室共有 18 名专业教师，其中副教授 3 名，讲师 10 人，助教 5 名；主要毕业学校有西安建筑科技大学、华南理工大学、重庆大学、南京师范大学、郑州大学、河南大学、中南林学院、天津城建学院、法国凡尔赛建筑学院等。在教师的专业构成方面，城市规划专业 6 人，人文地理 2 人，风景园林 2 人，建筑学设计 3 人，地理信息系统 2 人，其他 3 人。现有的教师构成具备了一定的学科交叉能力，但是总体上要进行高质量的专业实践教学，特别是要因材施教仍是困难重重，急需建设一支具有地方专业特色的一流城乡规划专业实践师资力量。

（三）课程设计总体质量不高，学生规划设计能力不足

对于城乡规划专业学生来说，规划设计能力是核心。目前主要开设有建筑设计、居住区规划设计、城市总体规划设计、城市设计、控制性详细规划、场地设计等规划设计课程。由于城乡规划学科的知识体系十分庞大，在有限的师资条件和办学条件下要有针对性地教好每一门设计课程是几乎不可能完成的工作，更不用说因材施教。

（四）忽视规划管理能力的培养

城乡规划专业实践教学的最高境界，就是规划管理能力的培养，而规划管理能力的提高本身需要全面掌握规划认识调研和规划设计能力。目前，规划管理相关的课程主要是"城乡规划管理与法规"一门理论课程，在培养学生规划管理能力方面有待进一步优化培养方案，公共管理能力需要增强。

二、实践课程教学环节创新

（一）动态实践教学基地建设

城乡规划实践环节必须坚持"走出去"和"请进来"的原则，一方

面，建立固定的实践教学基地，让学生能够有"走出去"的机会，给学生搭建校外实习的良好平台；另一方面，通过开展专题讲座、主题报告等形式，将规划行业市场的最新声音"请进来"，及时补充学生的规划知识体系。当然，对于实践基地，必须建立一个动态监测跟踪的机制，及时评估基地状况，时刻跟踪基地的实践效果，促进学生实践的效益最大化。

（二）延续实践教学，引入实际项目

实际项目的引入可以分为两个层级。在第一个层级，老师多参加实际项目，然后以专题的形式把自己参加实际项目的经验传递给学生。通过这样的教学改革实践，学生十分愿意聆听老师从外面设计市场带来的最新知识，既开阔了学生的眼界，也激发了学生更大的学习兴趣。在第二个层级，如果条件容许的话，设计课程题目直接改成实际项目，并聘请设计院高中级技术人员从事兼职教学，或者给学生开展讲座，比如中心区规划设计讲座、居住区规划设计讲座等。通过实际项目的训练，使学生掌握建筑方案设计、施工图设计的基本要求，不仅有利于培养规划师所具备的合作、敬业精神，也能够及时了解行业新规范、新材料、新技术，在实践中使设计课教学得以延续和拓展。

三、城乡规划综合社会实践竞赛教学

（一）城乡规划综合社会实践课程竞赛概述

综合社会实践是大学学习必不可少的一个学习过程，特别是对于实践性较强的城乡规划学科而言；城乡规划综合社会实践课程旨在帮助同学们经历、熟悉和掌握社会实践课程，通过社会实践和调查提高同学们发现问题、分析问题和认识问题的能力，以达到提高实践能力和创造能力的教学目标。城乡规划综合社会实践以交叉学科（社会学调查方法融入规划实践中）为特色，以技术训练和社会调查为手段，开发学生的思维能力和创新潜力。

城乡规划综合社会实践课程对于城乡规划学科具有较为深远的意义。

首先，《全国高等学校土建类专业本科教育培养目标和培养方案及主干课程教学基本要求——城乡规划专业》提到城乡规划社会调查教学任务的课程有以下六门：城市社会学（专业基础课）、城乡规划系统工程学（专业基础课、核心课程）、城市研究专题（社会经济类选择课）、社会调查研究方法（规划技术类选择课）、规划设计与综合社会实践（教学实践环节）、毕业设计（教学实践环节）；以上 6 门课程均明确指出了城乡规划专业教育对于城乡规划社会调查的理论和方法的知识内容要求。其次，许多学者都从不同的角度，论证了社会调查课程不仅是城乡规划学科的内在要求，而且是城乡规划专业应对转型时期外部挑战的有效途径，是城乡规划专业人才培养的关键环节。最后，社会调查能够通过对各种社会现象的仔细观察和分析，让城乡规划专业的同学认识到很多社会问题背后的本质规律，意识到经济、社会等各方面问题在空间上投影的规律。

高等学校城乡规划专业指导委员会隶属于高等学校土建学科教学指导委员会六个专业指导委员会之一，每年的年会活动是目前专业指导委员会最重要的工作，根据专业教育发展的实际问题，确定每次年会主题，面向所有设置城乡规划本科专业的高等院校组织"城市设计课程作业"以及"城乡社会综合实践调研报告课程作业"的评优，该评优是国内城乡规划专业级别最高最为权威的作业评优。华北水利水电大学建筑学院城乡规划专业从 2011~2016 年每年都选派优秀的社会调查报告作业参加"城乡社会综合实践调研报告课程作业评优"，以提高华北水利水电大学城乡规划专业教学和实践能力，并取得了一定的成就。

（二）城乡规划综合社会实践的教学探索

1. 教学环节的优化

华北水利水电大学城乡规划综合社会实践由"社会调查研究方法"这门课程完成主要教学任务，2011~2015 年，"社会调查研究方法"这门课程的教学环节也在不断优化：从原来的只有 16 个课时到现在的 32 个课时，由原来是大二第一学期的教学课程改为大三第一学期，再到现在是大四第二学期的课程；未来将调整为理论讲授和实践教学两门课程。随着对城乡规划综合社会实践认知的不断深入，教学环节的安排也在不断调整。

2. 教学方法的改革

（1）明晰课程架构，简化理论教学内容。经过分析，华北水利水电大学社会调查这门课程，不仅承担着理论课程的作用，更重要的是还承担着实践类课程的任务。故而在讲授这门课程的过程中，将讲授的内容分为以下四个环节：城乡规划社会调查概述和选题、调查方案的制订及主要调查方法、资料的整理与分析、城乡规划社会调查报告的撰写。

第一环节是城乡规划社会调查概述和选题。该环节重点强调社会调查的概念、基本理论、类型和基本方法，重点强调选题的意义、原则和方法，并辅以相关的案例分析。要求学生对社会调查基本的概念、理论等知识点予以理解，能够运用基本的调研方法和原理。

第二环节是调查方案的制订及主要调查方法。确定完每组学生调查报告的题目后，该环节讲授如何展开城乡规划的社会调查，主要包括城乡规划社会调查的前期准备、调查方案的制定和社会调查的主要方法；要求同学对相关理论有所了解，熟练掌握应用相应的调查方法，如问卷调查和访谈过程中的一些技巧等。

第三环节是资料的整理与分析。主要教授学生在收集到大量一手资料后，如何甄别、筛选和整理相关调研资料；重点要求学生掌握基本的整理的一些方法和软件操作，重视实际应用。

第四环节是调查报告的撰写。该环节主要在前三步的基础上，将调查的资料组织起来，形成一篇有吸引力并且逻辑清晰、内容完整的调查报告；重点要求学生掌握一个社会调查报告的整体框架是如何组织起来的，并且重视一些基本的语言组织问题。

（2）增加课堂互动。在这四个环节当中分别加入讨论内容，要求每组学生随着讲授内容的进度制作相应阶段的PPT，交流社会调查报告的进展，这样既能增加实践辅导环节的内容，而且大大提高了交流的效率，从而解决了"教师少、学生多"难以交流的问题。另外，从本质上解决教师数量不足的问题，在每个环节的讨论课程中，邀请其他专业教师共同来进行指导和交流，特别是在调查报告选题这个环节，力求每次讨论对每组的调查报告都起到一个很好的督促和促进作用。

（3）其他环节教学过程中社会调查的有效补充。专业课程的学习是相通的，在其他的设计课程调研环节或实践环节的社会调查环节、在不同的年级应讲授或要求学生掌握不同的调研技巧与方法，明确每个阶段应掌握的重点，使社会调查真正融入到城乡规划专业学生的每个设计中。设计课程调研环节的社会调查，主要是针对每种类型的建筑或街区进行的专题调研，往往以踏勘等基本的方法为主，辅以适当的问卷调查和访谈等相关调查内容，主要要求学生掌握基本的空间分析方法和表达方法，了解问卷调查和访谈调查的调查方法。实践环节的社会调查，以华北水利水电大学为例，主要包括居住区调查和城市与建筑认知实习两个内容。居住区调查难度不大，但是居住区是城市里面的一种典型空间，能够反映出城市问题的空间属性。居住区调查要求学生能够初步通过对城市现象的调查与分析，揭示城市现象背后的规律和本质问题。城市与建筑认知实习主要要求学生运用踏勘的调查方法，记录与分析城市空间，将自己的感想、启示记录并表达出来；要求学生能够具备一定的空间感受能力，重点强调其具有空间的敏感性和较为完整的表达能力。

最后，在城乡规划社会调查这门课程的系统整理与分析下，要求学生系统掌握城乡规划社会调查的基本概念、类型、原理和主要方法，并能够较为熟练地进行社会调查，培养观察、分析和认知城市空间的专业素养。

3. 教学团队的完善

"社会调查研究方法"这门课程的授课教师团队也在逐步完善，最初是一个教师授课，随着学院领导的不断重视，逐步形成以学院教学、城乡规划和城市设计等老师构成的核心教学团队，逐步提高师生比，减轻教师的教学压力。

（三）城乡规划综合社会实践竞赛教学的成果

（1）提高了"教师教、学生学"的积极性。通过近几年不断参加城乡规划综合社会实践竞赛，学生对于城乡规划综合社会调查积极性大大提高，并且对城乡规划专业的认知也进一步提高，由低年级的单一空间认知转变为较为复杂的经济、社会等复杂城市问题和现象的认知，掀起了一股专业学习的热潮。同时，由于学生学习兴趣的不断高涨，不断向专业教师请教社会调查的相关问题，也促使教师不断思考相关的城市问题和城市现象，从而越来越多的教师加入到城乡规划综合社会实践教学的队伍中来。

（2）提高了学生的逻辑思维能力。不断掀起城乡规划综合社会实践社会调查的学习高潮，学生对专业的认知不断深入。在城乡规划专业的学习的过程中，除了专业理论知识和空间技能的学习外，更加关注城市本身，关注城市发展不断出现的新情况和新问题，做到理论与实际相结合。学生在处理这些复杂问题的时候，避免就空间问题谈空间问题，而是越来越多地考虑了经济、社会和历史等相关方面对空间的影响，并且具备较强的演绎推理逻辑，思路清晰、完整。

（3）有助于城乡规划思维的转型与变革。近年来，城乡规划专业行业发展也面临着不断的传承与变革，特别是整个国家经济社会发展的不断转型；新常态背景下，多位专家学者已经指出城乡规划学科必然由单纯的研究空间问题转向研究空间政策、空间规划的价值观，最终转向对学生规划技能、知识和价值观的培养。城乡规划空间技能、城乡规划理论知识和价值观的培养离不开城乡规划综合社会实践的训练，这也是新常态背景下城乡规划转型与变革的有效途径。

（4）为学生参加国家级、省级大学生创新创业训练计划奠定了基础。通过前期城乡规划综合社会实践的学习和竞赛，有助于强化创新创业能力训练，增强学生的创新能力和在创新基础上的创业能力，为学生参加国家级、省级大学生创新创业训练计划奠定了较好的基础，从而能够培养适应创新型国家建设需要的高水平创新人才。

（5）培养了学生务实求真的专业态度。城乡规划综合社会实践是面对新的城市问题、城市现象，用社会学等交叉学科的研究方法，进行调查、整理分析，以看清城市问题和现象背后的本质规律，其本身就是对城市问题、城市现象等专业问题务实求真专业态度的不断训练。

四、城乡规划专业毕业设计实施细则

（一）毕业设计选题

（1）选题应符合专业培养目标，满足教学基本要求，有一定的深度、广度和难度，工作量饱满，使学生得到比较全面的训练。选题应结合生产实际，结合教师科研课题和实验课题。选题应于第 7 学期（或第 9 学期）向学生公布。

（2）选题应保证 3 年内不重复，保证一人一题。毕业设计是由许多名学生共同完成的，应保证每名学生一个子课题，并明确每名学生应独立完成的任务，独立完成部分应不低于 70%。

（3）选题类型，包括控制性详细规划、城镇总体规划、修建性详细规划（工业园区和居住小区规划）、新农村规划设计、景观规划设计、城市设计等类型。

（4）毕业设计文件组成。毕业设计文件包括：课题申请表、设计任务书、开题报告、外文翻译、设计草图（徒手）、设计图纸、设计说明书、指导教师评语。

（二）规划毕业设计内容要求

1. 开题报告

毕业设计选题的意义、题目国内外研究进展、毕业设计题目、内容的一般发展概况、毕业设计题目所涉及内容的具体资料整理分析以及毕业设计的预期目标及基本构思。字数要求 5000 字以上。格式内容参考设计说明书。

2. 外文翻译

毕业设计的英文翻译须选择与所毕业设计选题目内容相关的书籍、杂志等专业文献。翻译内容应包括标题、摘要、作者等、包括英文原文中的生词翻译列表附后。字数要求 2000 个汉字以上，中英文对照翻译。

3. 设计草图

毕业设计草图应反映创作构思的全过程。就内容而言，设计草图应包括一草（整体构思）、二草（深入细化）、三草（细部推敲）；就要求而言，设计草图必须满足各阶段的设计深度要求。

设计图纸的深度要求有两种类型，第一种类型是详细规划类型图纸内容（如小区规划），主要包括如下内容：

（1）区位图及现状分析。具体包括：①场地的区域位置（从大到小范围）。②场地的范围。③场地内及四邻环境的反映（注明四邻原有未规划的城市道路和建筑物，场地内需保留的建筑物，古树名木，历史文化遗存，现有地形与标高，水体，不良地址情况等）。④场地内拟规划道路、停车场、广场、绿地及建筑物的布置，并表示出主要建筑物与用地界线（或道路红线、建筑控制线）及相邻建筑物之间的距离。⑤指北针或风玫瑰图，比例。

（2）分析图。具体包括：①结构分析及功能分析。②空间组合及景观分析。③交通分析（人流及车流的组织，停车场的位置及停车泊位数量等）。④地形分析，绿地布置，日照分析，分期建设等。

（3）总平面图。

（4）道路交通规划图。

（5）绿化景观规划图。

（6）重点地段规划图。

（7）节点规划图（城市设计）。

（8）平面图（居住区规划）。具体包括：①各层平面图均绘制 2 道尺寸线：开间及总尺寸。②各主要使用房间的名称。③结构受力体系中的柱网、承重墙的位置。④各楼层地面标高，室内外地坪标高。⑤区内停车库的停车位和行车线路。⑥底层平面应标明剖切线位置和编号，并应表示指北针。⑦各层平面室内家具布置，必要时绘制主要用房的放大平面。⑧一层平面结合环境绘制。⑨注意楼梯的正确绘制。⑩图纸名称及比例尺。

（9）立面图（居住区规划）。具体包括：①体现建筑造型的特点，绘制 4 个方向的立面。②标注主要部位和最高点的标高或主体建筑的总高度。③当与相邻建筑（或原有建筑）有直接关系时，应绘制相邻或原有建筑的局部立面。④里面应绘制配景，画出阴影，注意材质表现。⑤图纸名称及比例尺。

（10）剖面图（居住区规划）。具体包括：①剖面图包括横剖和纵剖两个方向的剖面。②剖面应重点标示高度和层数不同、空间关系比较复杂的部位。③剖面应标注地面和各楼层标高及建筑高度控制点标高。④图纸名称、剖面编号及比例尺。

（11）表现图。具体包括：①表现图是正常视点透视和鸟瞰图。②表现图数量不少于两张。③手法不限，其中至少一张是计算机绘制。

（12）技术经济指标。设计图纸深度要求的第二种类型是村镇规划、重要地段规划类型（镇规划、村庄规划、总体规划、工业园区等类型），具体包括如下内容：

1）区位图和现状分析图。具体包括：①场地的区域位置（从大到小范围）。②场地的范围。③场地内及四邻环境的反映（注明四邻原有未规划的城市道路和建筑物，场地内需保留的建筑物，古树名木，历史文化遗存，现有地形与标高，水体，不良地址情况等）。④指北针或风玫瑰图，比例。

2）总平面图。

3）道路交通规划图。

4）功能分析图。

5）绿化系统规划图。

6）重点地段建设规划图。

7）环卫设施规划图。

8）电力电信规划图。

9）给水排水规划图。

10）户型设计图。

11）其他分析图纸和创新图纸。

12）表现图，具体包括：①表现图是正常视点透视和鸟瞰图。②表现图数量不少于两张。③手法不限，其中至少一张是计算机绘制。

13）技术经济指标。

4. 设计说明书

（1）设计依据、设计要求及主要技术经济指标。具体如下：①列出与本方案设计有关的设计任务书、地形图或选址环境评价报告、可行性研究报告。②设计所采用的主要法规、标准。③参考书目。④经济指标（总用地面积、总建筑面积、各功能房间面积、建筑占地面积、容积率、建筑密度、绿地率、停车泊位等；根据不同功能分区，还应表述能反映用地规模的主要技术经济指标）。

（2）总平面规划设计说明。字数要求1万字以上，具体如下：①综述场地现状特点和周边环境情况，详尽阐述总体方案构思意图和布局特点以及在竖向设计、交通流线组织、景观绿化、环境保护等方面所采取的具体措施。②关于分期建设以及风景名胜区，自然保护区，各类生态保护区的保留、利用、改造的总体设想。③结合场地、环境、交通、绿化条件分析草图进行说明。④有方案比较，手绘方案草图，反映毕业设计全过程。

五、毕业设计的措施

（一）制订毕业设计实施计划

在学院统一制定的城乡规划专业毕业设计实施细则的基础上，各设计小组制订了相应的指导计划，以确保按时、高质完成毕业设计（论文）的各项任务。实施计划内容包括时间安排、各个设计阶段的设计任务、阶段性成果的要求、辅导检查措施、成绩评定指标等。

（二）把好毕业设计选题关

根据专业培养目标与社会对城乡规划专业人才的要求，城乡规划专业毕业设计选题一般以综合性的实际课题为主，主要选择社会和国家建设农村和城市所急需的主题与内容，并要求有一定的深度、广度和难度，工作量饱满，使学生得到比较全面的训练。总结城乡规划专业近五年的毕业设计课题类型，涉及的课题有控制性详细规划、城镇总体规划、修建性详细规划（工业园区和居住小区规划）、社区规划设计、景观规划设计、城市设计等。例如2012年的南阳邓州文渠乡控制性详细规划设计、南阳师范大学东校区规划设计，2013年的郑州市管城区书院街区城市设计、郑东新区龙子湖湖心岛概念规划，2014年的固始县分水亭镇总体规划、南京生命科技园规划设计、禹州市神垕镇老街保护与利用规划等。

（三）注重毕业设计过程管理

城乡规划专业毕业设计工作包括现场调研、资料收集、方案构思、一草（整体构思）、二草（深入细化）、三草（细部推敲）和后期成果制作几个阶段。为保证毕业设计指导质量，各个设计小组均做到以下几点：

（1）在时间上保证教师每周与学生有 10 小时以上面对面的辅导时间。

（2）在方法论上指导学生逻辑思维与形象思维并用，在满足规范要求的同时注重形象思维，力求创造最为合理的设计方案。

（3）在绘图文件的制作方面，采取手绘与计算机绘制相结合，使出图效果达到应有的精度和深度。

（四）毕业设计（论文）效果

通过严格的质量监控，城乡规划专业的毕业设计指导工作取得了较好的效果。毕业设计成果的检验有形式审查、进度检查和深度检查，成果文件形式统一，内容包括开题报告（5000 字以上）、草图（一草、二草、三草）、外文翻译（2000 个汉字以上）、设计说明书和论文（10000 字以上）以及图纸、展板等。其中图纸根据不同课题类型所属规划层级进行详细制定，主要包括现状分析图、规划总图、规划分析图、表现图及技术经济指标等；展板要求每位学生按比例制作方案设计展板不少于 6 张。

（五）毕业设计（论文）质量

近五年来，华北水利水电大学城乡规划专业毕业设计（论文）的成绩按照调研情况、外文资料翻译质量、设计绘图质量、运用现代设计表现手段、设计说明书编写质量、所含创新与应用价值评价等指标将学生的毕业设计分为"优秀""良好""中等""及格"和"不及格"五个评定等级。实行"中期成绩（30%）＋指导教师成绩（30%）＋答辩成绩（40%）"的规则。

第三节　教学改革实践效果

城乡规划教育实现转型发展是学校"十三五"建设应用型大学的重要任务，转型发展的核心是在人才培养上实现由知识传授模式向能力培养模式转变。城乡规划专业的实践教学以提高学生的专业社会生存能力为基本出发点，坚持"立足地方、突出特色、加强应用"的原则，为地方培养合格的规划设计应用技术人才，满足地方经济社会发展的实际需求。同时，为学校应用型人才培养和转型发展探索经验。

在城乡规划教学中，引入 VR 和 MARS 等手段，借助虚拟仿真引入设计课堂，启发学生的感知能力和体验能力培养。在课程设计和学科竞赛中，要求学生制作各类模型，突出动手能力和建构能力的建设，通过评比和竞赛，形成竞争和推动。通过实习、竞赛和工作坊等形式，提升师生追踪学科发展和解决实际问题的能力，促使师生进入学术和设计的真实氛围中，用各种方式和不同尺度，去体验、落实、验证自己的设计思路和关注对象，增强学生对于设计、研究及相关问题的接触深度。

一、实践教学质量保障

为了确保实践教学质量监控与评价体系实施的有效性，必须根据各实践教学环节的具体特点，建立完善的教学文件（如实践教学计划、教学大纲、实践教学指导书等）、标准体系（各实践教学环节质量标准）、制度和管理体系（如实践教学质量常规检查制度、实践教学质量评价与奖惩制度、教学工作规程等）。

（一）建立实践教学质量监控与评价工作机构

根据实践教学质量监控的特殊性，构建结构清晰、职责明确的实践教学监控与评价组织管理体系，形成学校、院系、教研室（实验室）三级监控与评价组织管理机构。在学校层面，成立实践教学质量监控与评价领导小组、实践教学质量监控与评价专家组。领导小组负责审定教学质量监控与评价工作计划和实施方案，负责指导专家组和各学院开展教学质量监控工作，研究解决教学质量监控实施过程中发现的重大问题。实践教学质量监控与评价专家组由具有丰富教学或教学管理经验、工作热心、乐于奉献、有高度责任感的教授及相关职能部门的领导组成。专家组对实践教学进行督导，深入现场听课、考察、查阅相关资料，发现问题召开研讨会进行专家"会诊"，把发现的问题及时反馈至学校实验教学及实验室建设管理处。实验教学及实验室建设管理处负责统一组织、协调，并收集、整理和分析各种反馈信息，从整体上规划、执行实践教学质量的监控与评价。

（二）制定科学合理的实践教学文件

实践教学大纲、实践教学进度计划和实验项目卡等是实践教学的纲领性文件。因此，应围绕人才培养目标，制定专业实践技能构成及规范；根据专业技能规范要求确定实践教学环节或课程，制定实践教学大纲；按照学生能力形成的不同阶段和认识发展的基本规律，将实践教学大纲要求体现在教学进度计划中。人才培养方案、实践教学大纲、各实践教学环节质量标准由教研室讨论制定，院系教学委员会审定，教务处审核批准。课程实习（见习）计划、专业实习计划等，由指导教师草拟，教研室讨论审定，院系教学委员会审核批准。

（三）制定各教学环节质量标准

根据专业人才培养目标要求，制定专业实践技能构成及规范；据专业技能规范构建实践技能模块，确定实践教学环节，制定各实践教学环节的质量标准，如实习组织管理、运行管理、档案管理、实习基地建设等环节的质量标准。

（四）制定实践教学质量监控与评价的管理制度

科学合理的实践教学质量监控与评价管理制度，对规范教师和学生在实践教学活动中的行为、保证实践教学有序地进行、提高实践教学质量起着至关重要的作用。建议加强监控评价制度建设，如制定"实践教学质量监控工作条例""实习质量评价办法""毕业设计（论文）评价办法""实践指导教师工作规范"等。建议每学期进行一次实践教学质量评价，采取学生评价、专家组评价、院（部）领导评价和同行评价四种方式进行。对应每一种评价方式设置相应的评价调查表，通过综合四种评价结果得出对该门任课教师的最终评价，最终评价结果与教师专业技术职务评聘、优秀评选（如教学名师、教学带头人、优秀主讲教师评选）、年度考核、效益津贴等挂钩。

（五）建立实践教学质量反馈机制

实践教学质量是一个逐步提高的过程，需要加强管理、建立教学质量反馈机制。实践教学质量监控与评价专家组、院系教学委员会和教研室，要采取日常督导检查、综合督导检查、专项督导检查、跟踪督导调研等多种形式，对实践教学过程实行全程督导监控，及时发现问题，研究实践教学问题，提出解决问题方案，确保稳步提高实践教学质量。一方面，通过专家组、院系教学委员会和教研室督导检查收集信息；另一方面，通过教学意见箱、校园网站的邮箱、BBS、召开学生座谈会等形式收集信息，并对所收集的实践教学状况数据进行统计、分析，建立教学状态数据公示制度。通过分析收集的信息，提出整改意见、建议和进一步的规划，再对整改意见、建议和新规划的实施情况进行检查，汇总信息与分析，得出评价与反馈，研究进一步的调控与奖励，形成及时有效的实践教学质量反馈机制。

二、毕业设计（论文）质量保障

为了更好地保证毕业设计质量，需要加强毕业设计过程控制，分阶段制定提交成果。针对校外毕业设计实习和设计可以从以下几方面加强：

（1）校外毕业设计实习应有设计院老师指导，制订详细的设计进度计划，设计调研、草图、CAD 图等各个阶段成果应有设计院老师提出意见并签字。

（2）加强校外与校内的沟通联系，校内毕业设计指导老师与校外学生应定期以电子邮件、电话、QQ 等方式相互沟通，以便指导老师及时了解该学生设计及论文的完成情况并做出修改完善意见。

（3）校外毕业设计学生必须在答辩前一个月回校进行毕业设计（论文）后期整理工作，与指导老师面对面沟通，按规定格式完成毕业设计（论文）各项文件。

（4）加强毕业设计中期答辩过程控制，建议学院中期有一到两次的答辩，自己控制打分过程，可以分别占总成绩的 30%～40%。

三、实践教学基地建设与合作开展

实践教学基地建设工作是高等院校教学工作的重要组成部分，是高等院校提高教学质量、保证实践教学环节、办出高等教育特色的重要措施之一。为推动教学改革和发展，进一步整合、优化实践教学资源，加强实践教学基地建设，从以下几个方法着手。

（一）教学基地建设措施

（1）实践教学基地以"产、学、研"相结合为宗旨，以"服务教学、资源共享、高效运行、自主管理"为原则，在学院正常投入建设经费的基础上，保障实践教学时间与效果，实现自主运作、自我积累、自我发展。

（2）实践教学基地的主要任务是：为人才培养服务，积极创造实践教学所需的条件；为实践教学配备高素质的专业指导老师，为学生提供良好的实践教学条件和服务，确保实践教学任务的圆满完成。

（3）实践教学基地要加强对实践教学工作的管理和考核，专业技术指导人员要树立既教书又育人的思想，对学生要有高度的责任感。在接受任务后要根据实践教学指导提纲的内容和要求认真准备，协助指导教师完成实践教学任务。在实践教学过程中要加强对学生的指导和管理，强调过程控制。

（4）实践教学基地管理工作会议，总结交流经验，努力提高实践教学管理工作水平。

（二）具体工作任务

（1）按计划组织和实施实践教学，探索建立校外实习新机制和创新人才培养模式，针对建筑学院各专业教学计划与需求，推荐和配备校外专职实践教学技术指导人员，协助指导教师完成实践教学任务。

（2）加强实践教学师资队伍的建设，从学院各专业中选出优秀教师，建立一支既能够进行建筑学相关理论教学又能够进行实践指导的队伍。

（3）积极拓展校外实践教学基地，根据建筑学院写生和外出认知的特殊要求，要选择条件良好、管理水平高的校外实习基地，以提供更多的实习机会，并保证学生实习质量。

（4）对已有的校外写生基地加强管理，确保学生在外写生期间住宿、餐饮质量得到保证。

（5）带队教师与教学实践基地共同制定《学生纪律安全准则》，并且由专业人士讲解自救与突发事件应对措施，做好学生纪律和安全教育工作，并监管到位。

四、大学生实践能力和创新能力的培养与提高

培养与提高大学生的实践能力和创新能力，应从以下几个方面着手：

（1）开放性实验教学。加大本科教学实验室建设投入力度，提高实验室开放程度，构建有效的实验教学模式，促进学生工程实践能力和创新能力的培养。开放性实验教学侧重于培养学生的实践能力、创新意识和创新能力，激发学生的创新热情和兴趣，给学有余力的学生一个自主发展和实践锻炼的空间。组织学生参加开放性实验，学生根据自己的学习时间和精力自主选择实验项目、预约实验时间，训练自己实验操作的动手能力和创新能力。实验室尽最大努力为学生提供实验条件和经费，指导老师和学生一起解决实验过程中所遇到的问题。要求学生认真观察实验现象，及时记录处理实验数据，不断扩展知识面。

（2）校外实践。建立健全的校外实践基地，加强产学研合作。高素质人才的培养离不开优越的条件和优良的环境，在完善基础实验设施的基础上，建立健全的校外实践基地，建立学校与企业和科研单位的广泛联系，共同承担人才培养的责任，有计划地组织学生参观、实习和生产劳动，扩大学生的视野，增加他们与社会接触的机会，了解科学技术的最新发展动态。

（3）设计方案竞赛。鼓励并组织学生参加全国性或地区性的建筑设计方案竞赛，强化学生的参与意识，培养并训练学生的方案设计能力、方案优化能力、动手能力等综合实力。

（4）评价激励措施。在培养方案中体现创新教育与科技创新活动内容，将创新课程纳入正常的培养体系，实现创新教育与基础课、专业课程的和谐接轨，将创新实践能力作为综测评定、德育评价、就业推荐的重要参考因素。

总之，一方面强调低年级的设计过程控制训练，逐渐提高学生对设计酝酿、构思、展开、深化、整合规律的认识及对设计技巧的掌握，从而逐渐提高解决特定题目的速度和熟练度。另一方面在素质类板块课程中，对于城市设计题目及成果在创造性要求上的终极性、阶段化、差异性等特性问题进行反复指导和阐明，促进学生对城市设计创新目标的阶段性特点和螺旋性上升规律的认识。既鼓励学生孜孜以求，但也要求其制定可以实现的标准，并围绕标准按时做完相关工作；既有本学期、本学年的近期追求效果，也有大学和工作后的阶段性和远期追求目标，以促其逐渐进步。

在设计类和技能类的课程中，运用图示和范例来说明手绘的基础地位以及掌握计算机的提高性和工作性要求。在实践环节中，加强培养条件认定、过程考核、中期检查、成果审查等环节。在题目和工作内容的确定上，明确与工程实践、设计要求和行业变化跟进的标准和导向。

从多年来实践的效果看，学生适应设计市场变化的能力有了明显提高，教学与实践的结合也更加充分。

第六章 设计课程教学方法研究

第一节 城乡规划设计课程体系

一、城乡规划设计课程教学体系

(一) 培养目标

本专业培养适应我国经济社会发展和现代化建设需要，德、智、体、美全面发展，掌握城乡规划学科基础理论知识和设计方法，具有一定的设计能力、实践能力、实干和团队精神、创新思维，能够从事城乡设计和村镇规划、开发与管理、研究与教育等工作的专业应用型和管理型人才。

(二) 专业特色

以城乡规划学科为基础，以建筑类、地学类学科群为依托，构建地理信息、规划设计、模拟展示的多维平台，强调以中原地域文化为背景的城市设计、具有历史文化氛围地段和村镇发展保护规划的专业方向，培养能够综合分析和解决城镇发展问题的专门人才。

主要核心课程：建筑设计基础及原理、建筑设计、城市规划概论与原理、城市规划设计基础、城乡规划设计、中外国建筑史、城市建设史、城市道路与交通、城市规划调查研究、城市经济学、风景园林规划与设计、区域经济分析与规划、城市环境与生态学、城市基础设施规划、城市政策法规与管理。

（三）学制、修业年限及授予学位

本专业 2013 年以前是四年制，2014 年调整学制为 5 年，弹性修业年限 5~7 年，按要求完成学业者授予工学学士。2016 年设置城市设计方向。

（四）设计课程体系

本专业五年制设计课程体系为基础教学—专业教学—实践教学的流程体系基础教学：一年级重视基本技法、形态构成、空间环境界定思维训练，人居环境的初步认知；二年级重视建筑设计基础（现在调整为设计基础一到设计基础四），主要注重功能研究、空间组织、设计提取、概念生成；三、四年级注重系统分析能力、综合能力的培养，主要注重城乡规划设计综合训练、城镇总体规划设计、风景景观规划设计等综合设计能力培养；五年级是规划师业务实习、毕业实习、毕业设计和社会衔接的综合训练拓展。表 6-1 为城乡规划专业设计类课程的教学体系。

城乡规划与设计（1）上——居住组团设计，注重对居住区设计规范和设计能力的学习。

城乡规划与设计（1）下——综合性居住区设计、商业社区设计，结合商业、行政、娱乐综合大尺度居住区设计，加强人居环境设计能力。

城乡规划与设计（2）上——历史城区、旧城改造或街区保护与更新，结合目前学术研究热点，引导学生进行创新设计能力培养。

城乡规划与设计（2）下——控制性详细规划，突出详细建筑性质、指标控制、使用强度定量化分析和空间环境、重点地段城市设计手法定性分析结合。

城乡规划与设计（3）上——城市设计或城市公共空间设计，强调结构与形态的互动创新、城市公共空间环境营造结合。

城乡规划与设计（3）下——村镇规划或旅游规划，结合学术与市场热点、乡村振兴、美丽乡村规划及旅游规划等热点进行专项综合训练学习。

城镇总体规划设计——历史文化名镇保护规划，要将学术研究新趋势结合进设计课题，设计规范和类型的学习。

风景景观规划设计——公园或者滨水景观设计，利用水景观学术热点问题进行讨论，与水利、规划等交叉类学科的融合。

规划管理实习、毕业实习和毕业设计三位一体的管理，在本书城乡规划实践环节章节有专门论述，本章不再赘述。

下文将结合城乡规划设计（3）上的大纲和具体设计，分析具体一门课的教学目标、教学内容和教学要求等。

表 6-1 城乡规划专业设计类课程教学体系

规划师业务实习——实践工程学习 结合实习基地，选择课题 初期、中期等节点进行指导、检查		毕业实习与毕业设计——实践工程、虚拟题目、竞赛设计自选 结合学术与市场热点，选择课题 加强过程中的指导、检查		实践教学 五年级 （拓展教学）
城乡规划与设计（3）上——城市设计或城市公共空间设计 强调结构与形态的互动创新、城市公共空间环境营造	城乡规划与设计（3）下——村镇规划或旅游规划 结合学术与市场热点、乡村规划及旅游规划等热点专项进行综合训练学习	城镇总体规划设计——历史文化名镇保护规划 要将学术研究新趋势结合进设计课题 设计规范和类型的学习	风景景观规划设计——公园或者滨水景观设计 利用水景观学术热点问题进行讨论 与水利、规划等交叉类学科的融合	专业教学四年级、三年级（系统综合分析能力训练）
城乡规划与设计（1）上——居住组团设计 居住区设计规范和设计能力的学习	城乡规划与设计（1）下——综合性居住区设计、商业社区设计 结合商业、行政、娱乐综合大尺度居住区设计，加大人居环境设计能力	城乡规划与设计（2）上——历史城区、旧城改造或街区保护与更新 结合学术研究热点，引导学生进行创新设计	城乡规划与设计（2）下——控制性详细规划 突出详细建筑性质、使用强度和空间环境、重点地段城市设计手法	

续表

				实践教学 五年级 (拓展教学)
规划师业务实习——实践工程学习 结合实习基地,选择课题 初期、中期等节点进行指导、检查		毕业实习与毕业设计——实践工程、虚拟题目、竞赛设计自选 结合学术与市场热点,选择课题 加强过程中的指导、检查		
功能研究——建筑设计(1)上 茶室或咖啡厅设计 注重建筑认知与体验	空间组织——建筑设计(1)下 小别墅设计 培养尺度感和感受力	基地研究——建筑设计(2)上 幼儿园设计 阅读基地提取概念、设计实现	概念研究——建筑设计(2)下 大学生活动中心或场地设计 围绕设计概念提炼,研究建筑、场地、环境等相互关系	基础教学 二年级、一年级 (空间思维训练)
基本技法——美术(1~4) 专业基本技法训练,如渲染表现等	形态构成——画法几何及阴影透视 造型基础	空间限定——设计初步 人、环境、空间思维训练设计	人居环境认知——人居环境导论 对人居环境的研究	
第一学期		第二学期		

二、城乡规划设计(3)大纲

(一)教学目标

城乡规划设计课程以学生自身设计能力培养为中心制定教学目标,是系统的城乡规划专业的专业核心课。本课程教学目的为培养学生掌握城市设计的基本理论及方法,熟悉城市设计的一般操作程序与步骤,培养学生在实际操作中的综合分析能力与方案设计能力,尝试运用城市设计的手段解决城市发展中出现的问题。

（二）教学内容

据城乡规划设计类课程教学规律，以下知识点按阶段性教学展开，贯穿整个教学过程。计划总学时：56 学时（理论）+8 学时（实验）。课程包括城市不同地块设计现状调研、方案设计、成果制作等各阶段工作。内容包括：城市空间结构设计、道路交通规划设计、城市公共空间设计、建筑形态与布局、城市设计导则编制、总平面设计等。

1. 基本知识点

（1）城市规划设计的基本理论与方法。

（2）城市规划设计不同层次的内容要求。

（3）城市规划设计的操作程序与步骤。

（4）城市规划设计的成果表达。

（5）城市规划设计项目的组织。

2. 重要知识点

（1）城市规划设计的基本理论与方法：正确处理好城市公共空间设计以及城市公共空间体系、周边自然环境及城市原有空间结构之间的联系与整合。

（2）城市规划设计不同层次的内容要求。把握人的行为模式和活动规律，展现公共空间场所精神和安全保障，从历史、环境、文化等角度入手，确定清晰合理的功能结构，塑造富有特色的建筑群整体空间形态。组织基地内外有效的交通系统，尤其是步行体系与机动车疏散问题的解决。注重城市景观与环境质量的提高，提供安全宜人的开放空间与绿地系统，营造错落有致的景观界面。

（3）城市规划设计的成果表达。根据基地情况，提出适宜的城市设计政策，制定城市设计导则，绘制相关专项规划的图纸。

（三）教学要求

1. 知识要求（熟练掌握、掌握、理解、了解）

（1）熟练掌握城市空间的功能组织及空间组合的方法。

（2）掌握城市设计的一般过程。

（3）掌握城市空间结构和要素特征的设计方法。

（4）理解建筑总体布局与城市空间之间的相互关系。

（5）理解城市设计的相关法律、法规。

2. 能力要求

（1）分析与综合的能力，能够抓住城市发展中的主要矛盾和关键问题。

（2）对城市安全、文化等问题的发掘、观察和分析能力，从城市实用性角度入手解决方案的能力。

（3）提高对城市整体风貌的把握能力和对空间的塑造能力。

（4）较强的方案汇报能力，能够清晰地阐明方案设计的构思。

3. 素质要求

（1）熟练收集资料、整理资料的能力。

（2）独立的分析思考能力。

（3）善于创新、勤于思考的能力。

（4）正确的价值观和社会责任感。

第二节　城乡规划设计和教学方法

城乡规划专业旨在培养能从事城乡规划设计与管理及相关方面工作的学科中高级工程技术人才，作为城乡规划教育的设计类课程自然是城乡规划专业教学的重点。探索设计类课程教学实践方法，对提高城乡规划专业教学质量和教学水平具有深远意义。信息时代对年青一代带来了深刻的变化，也对城乡规划（城市规划）专业教学产生了巨大的冲击。教学方法、手段直接关系着学生的学习积极性，为了能够激发城乡规划专业学生的学习积极性，就需要对城乡规划专业的教学方式进行一定的变革，丰富城乡规划的教学手段。结合信息化时代，各高校都陆续开始了传统教学模式的改革和创新，与互联网相结合的新型教学模式改革成为主要趋势之一。在城乡规划专业实践教学中，传统教学方法与其他网络化教学方法的融合显得尤为重要。

一、传统设计类课程考核方法的缺点

科学的课程考核体系是实现课程教学目标的重要保障，它能激发学生的学习激情和创造性，而不合理的考核方法则会产生压抑学生个性、束缚学生思想的不良后果。对城乡规划专业的设计类课程教学效果来说更是如此。传统的考核评价忽视对教学效果的考核，大多依赖单一的图纸进行最终打分及标准化考试。城乡规划专业的设计类课程占有很大一部分比重，在这些专业的教学中，设计类课程具有科目多、重要性强、贯穿时间长等特点。由于设计类课程的独特性，如在授课方式上，它不是传统的单向知识传授而是通过设计过程和师生互动来提高学生的知识和技能；在成绩评定上，它不像有些学科一样有着非此即彼的明确答案，而是通过评价者对设计作品的主观感觉来进行的。同一个设计方案，不同的人就会有不同的评价结果，因而设计成果的考核往往不可避免地受到人为因素的影响。

（一）考核标准的主观性影响准确性

教师依据学生设计图纸成果凭其主观感觉进行评分，由于每个教师教育背景和知识结构的不同，同一份设计成果不同教师给出的分数也通常不相同，加上学生对考核认识上的偏差，导致了学生对考核分数产生争议或质疑。部分学生认为考核的分数不能准确地反映出学生的设计水平，在考核过程中存在着关系分、人情分、印象分等现象；有少数学生甚至产生了教师考核是先看人、后看图面表达、最后看设计的错觉，指导教师评判分数在部分学生当中丧失了公信力。

（二）终结性考核影响功能多样性

考核具有鉴定、反馈、指导和激励等多种功能，它不应只是一套衡量标尺，还应能调动学生学习的积极性、激发学生的创造热情，促进师生交流。传统的评价方法大多是终结性的结果评价，课程结束后，教师以考试或者测验的形式来测量学生对知识的掌握程度，它过分关注考核的测量功能而忽视了其他功能的发挥，学生看到自己的分数时，整个教学过程已经结束。同时，传统的考核模式使被考核人没有渠道表达自己的质疑，而对考核的质疑又在一定程度上影响到了学生学习的积极性。

（三）方案的现实性影响思维训练

学生学习规划设计是一种创作思维的训练，本科教育应该培养学生学会设计的方法，而非对某一教师设计思维的延续。学生刚接触规划设计往往会有很多不切实际的想法，会发生一些幼稚的设计错误，教师长期的设计实践使其自身常带有思维定式，加上设计教师受实际工程经验的约束，传统的经验教学中学生的想法常被教师轻易地否定。长此下去，学生的设计热情就会被逐渐消磨，很多方案设计拘泥于现实条件和实际情况，学生很难有所突破，不利于培养学生的发散性创作思维。

（四）学生创作意识保护不够

传统教学评价方法具有静态性、单一性。教师在动手给学生改图的过程中，常在无意中将自己的设计意识强加给学生，评价结果忽视了学生自主意识和实践能力的形成，评价结论使少数学生得到激励，挫伤了多数学生的学习积极性。学生在设计学习过程中不能及时得到学习结果的评价，这将导致学生的设计创作思想贫乏，过分依靠教师而缺乏创造力。

二、设计类课程评价方法构建

（一）评价方法的比较

传统终结性的考核评价方式对设计类课程学生思维、创作能力有很大限制。如何改变目前设计课上学生被动的学习局面，使学生成为学习的主体，是城乡规划与设计课教学改革希望达到的目标。近年，城市设计课程以过程性教学评价等先进的教学科学理论为指导，探索新的较为理想的教学模式，并在此基础上优化教学过程，进行了一系列教学改革。在此，对比终结性评价和过程性评价的教学评价方法优缺点，对理工院校规划设计类课程在评价目的、关注点、评价主体、评价内容、评价表达和评价结果上进行对照分析，见表6-2。

表6-2　过程性评价与终结性评价的对比

评价形式项目	过程性评价	终结性评价
评价目的	诊断和指导学生终生学习，发现学生的设计潜能，激励和改进学生学习，促进学生发展	对学生的设计成果作出结论和判断，用于证明和选拔
关注点	设计学习过程	设计结果
评价主体	专家、教师、学生	教师
评价内容	知识、技能、价值观、态度、学习策略、操作和思考能力	知识、技能及运用能力
评价表达	语言、文字、图表、演讲多种形式	评价结果的准确
评价结果	定性加定量（评语加等级）	定量（考试成绩）

（二）评价意义

在城乡规划专业的设计类课程教学中，建立了注重过程、促进学生发展、激发学生学习热情、促进学生设计创新思维发散的学习评价模式。通过这种新型教学模式的试验，充分体现学生的认知主体地位，较大幅度地提高了教学质量，就是让学生通过实际任务来表现知识和技能成就的评价。学生进行评定的任务应该解释学生是如何解决问题的，而不仅仅是针对他们得出的结论；鼓励学生具有多元化的思维；同时注意利用观察法、问卷调查法来评价学生在学习过程中的态度。

过程性考核是指对学生学习设计过程的评价，把评价融入到了设计课堂教学之中，尊重学生的差异和个性，重视学生在评价中的个性化和差异化反应。考核的评价内容包括前期调研、小组讨论、不同阶段的草图及草图改进过程、后期模型制作等动手操作能力。其目的是要加强设计方案形成过程的指导，及时反馈学生学习的信息，形成教、学、评一体化的教学模式。由于设计课程的特殊性，即它的教学主要是通过学生在完成设计过程中学习的，通过过程性考核可以有效促进学生自主学习；避免学生设计方案的全盘抄袭、期末搞临时突击和请人帮忙画图等不良现象发生，使指导教师有针对性地对学习者进行个别化辅导或指导，加强教学主体与客体之间的教学信息反馈。

（三）案例分析

在居住区规划、城镇总体规划等设计类教学方面，可以采用测验、综述论文、个人作业、演讲结合的方式。针对设计课的阶段性，在每个阶段，采用不同的评价标准和方法，有不同的评价重点。具体分为以下几个阶段：

（1）调研阶段，即实地调研和相关设计实例调研、资料收集、调研报告阶段，以小组讨论最终形成调研报告。此阶段重点评价学生的基地分析、资料收集能力、文字表达和口头表达能力。

（2）一草阶段，即设计主体立意构思分析研究与表达阶段，此阶段重点评价学生的创新能力和草图表达能力。

（3）二草阶段，即具体内容研究、分析、比较、深化阶段，此阶段重点评价学生分析问题、解决问题的能力，以及方案汇报时的演讲能力等。

（4）正式图纸和模型制作阶段，即最后设计成果的表达阶段，此阶段重点评价学生的图面表达能力和实际动手操作能力。

学生的最终成绩由调研成绩、草图成绩、演讲成绩、快题成绩、最终正式图纸和模型制作效果成绩等构成。在评判设计过程中聘请多个富有经验的设计类专家学者指导，由教师单一的评价主体转向由专家、教师、学生构成的多元评价主体。具体的评价方法有学生自评、学生互评、专家点评、教师总评等。评价内容和方式见表6-3。

表6-3　城市设计类课程评价内容与方法

学习结果	评价方法	教学活动
掌握城乡规划原理基本知识和原理	简答题、自评、互评	课堂讲授、通过布置设计题目和题目深化理解

学习结果	评价方法	教学活动
提高基地调研与分析能力	调研报告、自评、互评、教师评价	问卷调查、实地调研、网络资料收集、图面形式分析问题
发展专业技能一：详细规划设计	设计图纸：自评、互评、专家点评、教师点评	一对一的课堂辅导、集体评图、展览公开作品
发展专业技能二：总体规划设计	设计图纸：自评、互评、专家点评、教师点评	一对一的课堂辅导、集体评图、外请专家评图
提高演讲技能	课内演讲、自评、互评、汇报方案甲方演讲	课内实践和课外实践结合

　　例如在华北水利水电大学城乡规划专业 2008 级、2007 级的城镇总体规划设计中，结合河南南阳邓州市的 21 个乡镇中选取平原地区十林镇、丘陵地区彭桥镇分组设计，实地调研一周，聘请南阳市专家对设计方案进行评价，同时向当地乡镇领导汇报等，最后结合多组设计方案评比选取最优的方案。教师在整个过程充当组织者和引导者身份，取得了良好的教学效果，学生的设计热情被调动起来。

三、成果

　　任何课程的教学方法都不是一成不变的。随着社会对行业要求的不断提高，改革和发展城乡规划专业设计类课程教学方法也势在必行。教学评价作为教学过程中的一个重要环节，是衡量教学效果的重要手段之一。由于设计类课程的复杂性和多样性，满足同一设计任务书或者目标的方案有多种，仅用具体的分数来评价千变万化的设计实非易事。过程性的考核体系克服了最终设计图纸和教师主观性的不足，可以多视点、全过程地评价学生的学习过程和结果，从而给出一个相对客观的评价。城乡规划专业师生在高年级以各类竞赛为依托，抓住学生设计的主线提升设计能力。例如 2013 年城乡规划教研室张少伟、陈萍老师组织学生参加郑州新郑六校综合城市设计并获得三等奖的好成绩。

同时，组织中青年教师积极参加城乡规划教育年会等相关专业教学会议。2014 年吴怀静老师参加《高等学校建筑学本科指导性专业规范》宣讲会。吴怀静和刘静霞老师参加 2015 年全国高等院校城市规划专业指导委员会年会。张少伟、吴怀静、拜盖宇、牛丽娟老师参加 2016 年全国高等院校城市规划专业指导委员会年会。2017~2018 年，每年教研室参会人数不少于 6 人。吴怀静老师参加 2014~2015 年河南省城乡规划学学科发布报告。

组织学生积极参加城乡规划专业全国作业评优和大学生挑战杯等创新创业竞赛项目。2013 年，学生齐建堃、张莹莹、易琨、郑村彬的作品《他们"摊"上的事》（指导老师：张少伟、拜盖宇、徐秋实、宋亚亭、陈萍）获得了三等奖。2014 年，在该竞赛中，学生牛强、邓薇、刘友全、贾怡的作品《昔日学堂，今日迷茫——大学校园老校区校舍使用状况调查报告》（指导老师：张少伟、拜盖宇、宋亚亭、牛丽娟、刘利轩、王文棋）获得了评优作业佳作奖。

2015 年在第十二届"挑战杯"河南省大学生课外学术科技竞赛中，学生温迪等的科技论文作品《基于融入 V2X 交通系统的历史街区有机更新》（指导老师：吴怀静）获得科技论文作品二等奖。

2016 年，由全国高等学校城乡规划专业指导委员会主办的中国高等学校城乡规划专业教育年会在西安建筑科技大学举行，会上同时举行了城市设计课程作业评优颁奖典礼。华北水利水电大学建筑学院肖哲涛、拜盖宇、张少伟老师指导 2013 级城乡规划专业学生邹海帆、赵启龙完成的《拾起失落的半边城——基于文化空间视角下的荥阳老城更新设计》荣获城市设计评优作业三等奖，由吴怀静、徐秋实、张少伟老师指导 2013 级学生孟丽君、唐亮完成的《梦回桑里结庐桃源——基于"诗意栖居"思想引导下的荥阳老城更新设计》荣获城市设计评优作业佳作奖。这是学校在该项赛事上的首次获奖。

2017 年，在由全国高等学校城乡规划专业指导委员会主办的 2017 年中国高等学校城乡规划专业教育年会上，张少伟、王文棋、吴怀静、陈萍老师指导 2013 级城乡规划专业学生赵莹、李团完成的《感知城市——开封朱仙镇运粮河片区城市设计》作品荣获城市设计评优作业三等奖；由拜盖宇、牛丽娟、肖哲涛、张少伟老师指导 2013 级城乡规划学生丁学敏、闫文奇完成的《上下求索，继"网"开来——互联网引导下传统文化产业复兴的朱仙镇城市设计》作品荣获城市设计评优作业佳作奖；由牛丽娟、宋亚亭、田伟丽、吴怀静老师指导 2013 级学生张娇、李艳艳、陈姿璇、衡嫣嫣完成的《小偷会议记录：一个窃贼的街道指南——以郑州市书院街区为例》作品荣获城市调研作业佳作奖。

2018 年，在由全国高等学校城乡规划专业指导委员会主办的 2018 年中国高等学校城乡规划专业教育年会上，由拜盖宇、肖哲涛、张少伟、王文棋等老师指导的 2014 级城乡规划专业学生李玉斌、肖哲源完成的《大千"市街"·"交巷"辉映——多元文化背景下的开封理事厅街区设计》作品荣获城市设计评优作业二等奖；由宋亚亭、田伟丽、牛丽娟、吴怀静老师指导的 2015 级学生韩梦凯、郭枫、周宝宝、张郝萍完成的《老有所"椅"——单位制小区自发性座椅诱发的老年人公共空间关联性分析调查》作品荣获城市社会调研作业二等奖；由张少伟、王文棋、肖哲涛、拜盖宇等老师指导的 2014 级城乡规划学生郭翔宇、郑芳芳完成的《一"拳"相承·"源"远流长——焦作温县陈家沟历史地段保护与更新设计》作品荣获城市设计评优作业佳作奖。全国高等学校城乡规划专业指导委员会主办的"城市设计评优"和"城市调研评优"大赛是国内城乡规划教育界的最高赛事，是各个学校城乡规划专业教学水平的充分反映。

第三节 "城乡规划概论"的教学改革的方法

"城乡规划概论"课程是城乡规划专业大一学生的入门课程，是最为基础的专业理论课程。作为专业启蒙，学生应具备学习兴趣和分析的能力，对城乡规划有初步的了解和充足的兴趣。

一、教学方法改革的必要性

自 2011 年城乡规划专业成为独立一级学科后，众多院校反思原有的建筑学培养体系在城乡规划专业的适用性，积极探索更适合于城乡规划专业教育的教育方法。同时在城乡规划专业的市场转型期，对规划从业者的素养要求有所改变，在教学过程中，固守原有的教学体系和培养体系，已经不适应目前的市场需求。故而教学目标的改变，应该从类型知识点培养到能力培养，做到以不变应万变。而"城乡规划概论"课程作为专业启蒙课，一方面，需要从学生高中的学习经历、见识、兴趣和性格入手，实现学生从学习接受型到主观能动型转变，并有意识地灌输正确的价值观；另一方面，让学生初步了解城乡规划专业体系和内容，重点需要扭转学生的价值观、学习习惯、学习目的等固有思维，为学生大学五年的学习确定正确的方向，为承接后续的课程打下基础。但在教师在"城乡规划概论"授课过程中发现存在以下问题。

（一）理论教学目标模糊，教材过深

课程教学目标不明确，这门课程的作用在于让学生初步了解城乡规划专业体系和发展方向，并培养学生的学习能力、思维方式、学习习惯和学习兴趣，而不仅仅是知识点的学习。目前的理论讲授课程中知识点过多过深，没有起到启蒙的作用，常常让学生觉得晦涩迷茫，需要从理论学习转变为能力训练，确定需要提高的能力类型和转变的思维模式。

另外，现有的教材多对城乡规划专业核心内容进行简单概述，内容相当于《城乡规划原理》简单版本，与随后课程体系中训练的空间把控能力和逻辑思维能力不衔接，并且与"城乡规划原理"核心课程内容有重复，只能作为启蒙教育的阅读教材，而不能作为教学主要内容。

（二）授课方式单一，学生参与度低

传统授课方式多是理论讲授教学，填鸭式教学比较陈旧且效果不够好，学生的主观能动性和兴趣不足，学生参与讨论、肢体表达、实践调研等方式的形式有待提高。由于学生没有相关的知识储备，在参与过程中需要教师的引导和把控，让学生通过参与行为记忆深刻，且产生学习的兴趣。

对城乡规划专业了解不足或者对行业的信心不足，导致每年新生的转

学率较高，一部分原因是目前行业市场环境影响，另一部分是家庭原因，还有一部分原因是对规划专业没有兴趣，认为只是简单的"画图匠"。这需要教师在授课过程中通过多种方式，使学生了解城乡规划专业的内容、作用和意义。

（三）学生对网络信息难以甄别、学习能力有限

在互联网和大数据时代，学生对新信息的接受速度快，但学生对信息好坏的甄别能力有限，影响了学生对城乡规划专业的认知。目前学生出现的共性问题包括：第一，学生查找资料习惯用百度百科，不能接触到较为系统和高品质的专业作品和内容；第二，学生很少看纸质书籍，建筑规划专业手绘描图的工作习惯难以延续，造成学生专业自主学习能力的缺失；第三，见识不足，很多学生在高中时期"两耳不闻窗外事，一心只读教科书"，对于专业入门有很大的限制。在教学过程中，教师应有意识地对学生学习习惯进行把控。

二、专业入门五步法：感知—观察—认知—解析—创造

结合城乡规划教学培养体系，重新梳理启蒙过程中学生的需求：由浅入深的知识学习、循序渐进的见识增长与价值取向培养，明确规划全面素质养成目标，为学生大学五年的学习夯实基础，故而遵循专业入门五步法：感知—观察—认知—解析—创造，增加"体验感知方法"，引入"空间剧本"方式，逐步确立"以人为本"观念，模拟"政策时事"讨论。

（一）增加"体验感知方法"

基于城乡规划教育不能脱离场所和文化传承的基本要求，一年级教学积极引导学生去体验和感知场所，小到宿舍、家居的观察，大到公共建筑、城市街道的体验，甚至社会现象的认知和剖析。比如带学生到公共空间进行感知体验，由于学生的知识储备有限，教师需要提前提供调研提纲和基本问题，让学生带着问题到现场，将理论学习和实地感知结合，使学生记忆深刻、感受体验较好。这样的阶段，首先需要教师准备大量现场资

料、列出预设性提纲和问题，以及相关知识回答学生问题；其次，教师需要带领学生到现场，进行实地讲解和演示；再次，让学生不仅对空间感知有所了解，也需引导他们对社会现象背后的原因进行剖析和讨论；最后，学生的安全问题等也需要考虑在内。

（二）引入"空间剧本"方式

空间剧本的方式，即给学生一个实地场地，让学生自主设想一个场景，并为想象场景设置人群、活动、家具、时间线等，并通过表演、图示或语言的方式描述，帮助学生理解和设计空间形态，从而培养学生敏锐的观察力以及较强的分析能力。主要目的在于：①增加学生的感性想象力，这对于规划设计专业的学生尤为重要。②了解学生对尺度的把握，对于人的需求的满足等，引导学生通过自己的故事学会尺度把握、规划需求、规划方向等知识。③通过想象，让学生画出心理地图或者想象拼贴画，锻炼学生的抽象表达能力。④有意识地训练学生对于社会问题或者空间问题的解决的方式和逻辑思维方式。⑤形成文字记录，对学生的特点进行总结，有助于下一步有针对性的训练和有针对性的学习。

（三）逐步确立"以人为本"观念

"以人为本"观念是让学生有人文的思考方式，在城市或乡村规划的过程中，不仅考虑城市经营，更要考虑不同社会群体的需求，为人的需求谋福利，而不是学生口中简单粗暴的"画图匠"、政府的工具、法定规划的执行者。

同时，规划市场由量向质、由增量到存量、由大地块到小地块的市场转变，亦需要规划从业者的"以人为本"的价值观念，为学生大学五年的学习灌输正确的价值观念。

（四）模拟"政策时事"讨论

本环节需要引进高水平专家对学生进行讲解，并讨论回答问题，有意识地帮助学生理解城乡规划的公共政策属性，了解城乡规划的行政架构；引导学生跟踪改革决议、国家新型城镇化规划等，并撰写感受报告，树立服务的价值观。

同时，城乡规划专业与政策有较大关系，学生对于政策的了解，也是行业能力的重要部分；培养学生对时事动向的了解，以及多角度看问题的评判习惯。

总之，在大数据时代与新技术快速发展的背景下，城乡规划专业设计类课程作为本专业学生实践课程的重要环节，其工作思路与方法面临新挑战。互联网技术的巨大进步促使了信息的爆炸性增长，由于信息的膨胀而引发了新技术的产生，同时出现了大数据。利用大数据辅助分析研究阶段是城乡规划专业设计类课程的重要组成部分，一般这个阶段是设计寻求突破点的重要阶段。城乡规划设计类课程中的第一个阶段就是前期调研阶段，是形成方案的关键时期，在这个阶段，传统的教学环节是教师带领学生进行现场勘察调研，通过调研可以较为全面、系统地认识项目资料、信息、数据及感受，为下一步的城乡规划分析做准备。而现在可以运用大数据进行全面调研分析，最重要的阶段是构建大数据课程体系。以城乡规划专业的课程为主线，在体系中加入信息化技术方法与应用的理论知识，并在设计类课程中进行信息化的训练。主模块是必需的基本专业课，子模块是数字化课程体系的衔接内容，不同的设计项目训练主模块与子模块相互交叉组合，形成组合拳的形式，既能保持合成的基本要求，又能增加课程的趣味性。

第七章 城乡规划信息化实验平台建设

第一节 开放实验室发展现有条件分析

实验室是高等学校教学、科研工作的基础，是学校教学质量、科研水平的重要保障，实验室的条件和水平很大程度反映了一所学校的综合实力及学术水平。21 世纪对高校培养人才的知识、素质和能力提出了新的要求，即基础扎实、知识面宽、素质高、有创新精神和创新能力，这也是我国教育改革 21 世纪的战略目标。为了实现这一目标，提高人才培养质量，教育手段的现代化就显得至关重要。

一、实验教学体系建设

已有实验教学体系是否完善、是否符合专业人才培养目标？带着这些问题对比国内高水平学校同类专业，发现华北水利水电大学城乡规划专业信息化实验水平对比国内同类别（而非高水平）高校尚有较大差距，具体表现如下：

（1）缺少建筑物理实验室中的"声环境"、"光环境"及"热环境"独立的实验空间。目前此三项仅有最基础的实验仪器，均为一台（套），数量和空间存在明显差距。

（2）缺少视觉艺术教室（实验室）。专业建设规范中明确"满足至少一个专业年级同时上课的教学需要"，目前学校此项空白。

（3）模型（造型）制作实验室设备和空间不配套。模型制作机械和工具正常展开的基本空间不足，导致若同时开机会存在安全隐患，同时台（套）数不足。

（4）缺少对应城乡规划专业的实验室。

（5）实验室专职管理人员极其缺乏。目前仅有三人，为一个实验室主任，两个实验人员相比其他高校一室一人存在严重差距。

二、实验设备状况

多年来，建筑学院在实验室建设和教学手段方面做了一定的工作，不断加大投入力度，使实验教学条件和实验教学质量都得到了很大的提高，有力地保证了人才培养质量。

按专业方向阐述实验室硬件情况并进一步分析满足当前实验教学需要的状况，对比国内高水平同类型专业实验室，发现对比国内同类别（而非高水平）高校尚有较大差距，目前仅满足部分专业实验教学要求。

结合专业特点，充分调动本科学生能动性，充分利用建筑物理、建筑模型实验室现有实验仪器设备，开出更多、更有价值的实验课程，以满足专业本科评估要求，充分利用现有实验仪器设备。

1. 建筑学专业

（1）部分设备老化，无法适应新的教学要求。

（2）缺少一些关键设备，部分实验教学课程无法开设。仅能开展建筑物理的声、光、热环境的部分演示实验，因场地、设备所限，多数声环境实验无法开展。

（3）模型制作、计算机辅助设计空间和设备台（套）数不足，学生动手制作训练强度不足。

（4）设备和操作人员与学院学科发展和研究领域的需求不适应。

2. 城乡规划专业

（1）模型制作、计算机辅助设计空间和设备台（套）数不足，学生动手制作训练强度不足。

（2）2017 年以前缺乏有专业特色的实验平台，目前正在搭建城乡规划虚拟数字化实验平台。

3. 风景园林专业

（1）模型制作、计算机辅助设计空间和设备台（套）数不足，学生动手制作训练强度不足。

（2）缺乏有专业特色的实验平台。

三、实验室环境

根据目前实验室设备及设备情况，分析实验室用房、实验环境及实验室安全等方面所存在的问题。

2017 年以前实验室用房面积十分紧张，无法满足基本实验教学需求。其中建筑物理实验室、模型制作实验室只能做演示实验，学生缺少应有的操作空间；计算机房仅能满足一个班的计算机辅助设计实验教学需求，无法同时满足 2~3 个班的实验授课。近两年场地用房逐步增加。

四、加强实验室师资队伍建设

根据学院目前以及今后实验室发展情况，分析实验室高级人才（博士）、中级人才（硕士）和一般技术工人需求情况，分目前 2017 年和 2020~2030 年两个时间层次填写。

实验室人才队伍严重匮乏，目前实验岗只有一位女性工作人员，无法满足三个一级学科人才培养的周期和强度，本身也没有梯队建设和工作分工。

建议：2016~2019 年增加硕士 1 人，工作人员 2 人，助手 1 人；2020~2030 年增加博士 1 人，硕士 2 人，工作人员 2 人，助手 1 人。

建设以中间层次为主体，高端领头、低端辅助的"橄榄"形架构的实验人才队伍。

通过充实、培养、交流等方式，改善实验队伍的结构和现状，将实验教学作为一个单独体系进行建设，提高实验室技术队伍素质和能力，经过不断调整，使实验队伍的人员得到扩充，以提高实验教学水平。

第二节　架构内容

一、打造强化基础性的实验技术平台建设，进一步改进和新增多个应用性的实验分支方向

打造学校级"城乡规划信息实验教学中心"的基本架构体系，结合城乡规划多学科交叉的特点，打造"一个基础性的实验技术平台，多个应用性的实验分支方向"。一个基础性的实验技术平台，指的是以城乡数字化分析技术为主要实验能力的、学科共享的、向社会开放的、综合性的实验平台；多个应用性的实验分支方向指的是，在城乡数字化实验技术这一基础性的实验平台上分支生长出的若干个应用性的、小型化的实验方向。比如，乡村聚落保护设计、城市历史与旧城更新、城乡生态分析与规划、住房与社区营造、城乡规划（城市规划）与设计模拟、城市风景园林规划等。

这样的实验教学体系设置，体现为综合和专长的有机结合，也是一个既有内聚力又有开放式的实验中心结构体系。这样的实验教学体系与城乡规划一级学科下属的二级学科方向大体一致，而且与目前的本科教学课程安排相协调，也和学校城乡规划专业的师资队伍结构相对应。具体包括两个方面的建设内容：一是进一步强化城乡规划实验教学中心的基础实验平台建设——重点升级"城乡数字化分析技术"这一关键性的实验能力；二是在这个基础性的实验平台技术升级的同时，针对目前既有的一些应用性如乡村规划和城市设计的实验分支方向进行改革和完善，在有条件的情况下，新增部分应用性的实验分支。

（一）进一步强化基础性的实验技术平台建设——升级城市数字化实验技术能力

城市数字化分析技术系统（包括对应的软件和硬件）是城乡规划实验

教学中心的基础性的、核心的实验技术平台，由"城市信息采集分平台"和"虚拟仿真分平台"构成（见图7-1）。在开放式实验室建设过程中，将着力升级这两个部分。

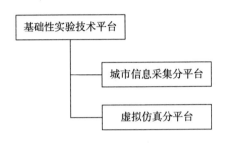

图7-1 基础性实验技术平台构成

"城市信息采集分平台"为多个实验教学项目提供了数字技术实验能力的支持，其中包括城乡规划与设计课程实验教学、CAD（计算机辅助设计）实验教学、GIS与空间分析实验教学、城乡历史遗产保护实验教学，同时还支持了一些社会性的实验内容，如挑战杯科技作品竞赛、城乡规划、建筑学、风景景观专业指导委员会的竞赛学生课外实践项目，在教学中已经在国内外的设计和调研等各类竞赛中取得多个奖项。实验项目为GIS与地形分析，利用虚拟仿真技术重现地形分析过程，让学生对地形空间有直观的了解和认识，对不同地貌环境的开发利用模式有更加理性的理解，深入思考城市空间和地貌环境之间的契合。研究在新时期大数据时代，如何掌握一些重要城市片区的真实三维模型和高分辨率影像信息。"城市信息采集分平台"可以进一步发展数字化仿真实验技术，将大大提升原先的四旋翼无人机的信息采集能力和数据后处理能力，生成高精度的正射影像、数字地形模型以及真实三维模型，所有数据带有精准的测绘信息和地理坐标，能够以数据为纽带，使相关专业的老师紧密合作起来，设计出更好的实验内容，提高学生的数据处理能力和分析逻辑性。无人机信息采集系统所提供的第一手实时影像数据和三维模型可以直接供给虚拟现实互动系统，让学生直观、理性地了解模型信息和空间识别。

"虚拟仿真分平台"目前正在计划主体设备的采购工作。该平台能够实现室内光环境、天然光环境的虚拟建构，城市实体模型空间的游走观测展示到360度环幕的全景沉境式空间体验及虚拟展示，从而营造空间环境场所的虚拟仿真。

通过软件和硬件的升级，拟开出以下内容的实验项目：

（1）实验项目1：三维点云在智慧城市研究中的应用。利用虚拟仿真技术展示三维点云在城市建模中的应用，让学生深入理解点云数据的本质，探讨三维点云数据对城市建模的意义。

（2）实验项目2：高精度DSM在数字城市中的应用。利用虚拟仿真技术展示DSM数据在三维GIS分析中的应用，让学生理解DSM数据对城市立体空间规划的意义，探讨基于DSM数据的光照、可视性等三维GIS分析。

（3）实验项目3：高分辨率全景影像以及正射影像在城乡规划（城市规划）中的作用。利用虚拟仿真技术展示航拍采集的全景影像以及正射影像并重现适量要素提取的方法和过程，让学生深入理解影像资源对城乡规划（城市规划）和数字城市建设的重要意义。

（4）实验项目4：基于三维实体模型的城市形态认知。利用高精度的三维实体模型，并通过虚拟现实系统的三维互动功能，对城市形态进行理性分析与识别，让学生深入理解三维实体模型对城乡规划（城市规划）和数字城市建设的意义。

（5）实验项目5：利用高精度的城市历史遗产三维实体模型和虚拟现实系统让学生对历史遗产或者文物模型进行测算和分析。

（二）进一步完善应用性的实验分支建设：改进现有的各个应用性实验分支方向，拓展新的应用性实验领域

城乡规划实验教学中心的多个应用性的实验分支方向目前已经具备初期建设成果，有的已经在建设当中。以省级示范中心建设为契机，将对这些分支方向进行相应的改进和升级。其一，新增城市历史与旧城更新实验系统。其二，新增城乡规划（城市规划）与设计模拟实验系统，改革相应的实验课程。其三，新增住房与社区营造实验系统的软硬件设备，改革相应实验课程。其四，新增城市风景园林实验系统，改革相应实验课程。其五，针对目前乡村聚落规划设计，进行以上实验教学新增建设。

应用领域包括乡村聚落保护设计、城市历史与旧城更新、城乡生态分析与规划、住房与社区营造、城乡规划（城市规划）与设计模拟、城市风景园林规划等。

在建设过程中，每个分支实验方向和规模可以灵活变化，且根据实际发展阶段和需要以及特色的突出，可以有大有小，具有一定灵活性，以此来适应教师个性化或者团队配合的实验特点。这些应用性的实验分支内容和基础性的实验技术平台之间形成网络连接结构，实现实验技术资源的高效利用。

二、基于信息技术研究建立规划设计协同框架

（一）协同框架

系统采用标准的 GIS 技术规范来作为系统开发的基础，在开发过程中综合运用了各种类型的地理信息，包括从 1：10000 到 1：2000 的矢量地理数据、从 0.2 米分辨率到 5 米分辨率的航测影像数据和其他比例尺卫星影像数据。采用了高精度的数据采集手段，包括高精度的 GPS 定位以及高精度的地理信息为参考。在软件系统开发方面，考虑跨平台、可伸缩、综合应用的 GIS 应用技术，核心的业务应用采用高性能的 Oracle 自定义元数据作为地理信息和所有业务信息的存储与分析数据库，建立符合开放式 GIS（OGC 标准）国际标准的地理信息发布平台。系统开发语言采用 Java 为开发语言，并结合数据库存储过程来构建核心应用系统，系统的技术架构如图 7-2 所示。

数据服务层采用 Spatial 来存储所有环境信息数据，包括空间属性数据、空间数据信息以及多媒体数据，在系统数据服务层的基础应用层中，用中间件来负责客户端的 GIS 数据交互，同时还采用 Oracle 的存储过程与 Spatial 相结合来负责客户端的数据交互（包括 GIS 数据交互），能够支持动态的三维模型存储，并能够实现和数据库信息的一体化维护与管理，采用自定义三维数据模型存储简化模型。

在信息服务层，三维地理信息服务模块提供基于数据服务层的基础地

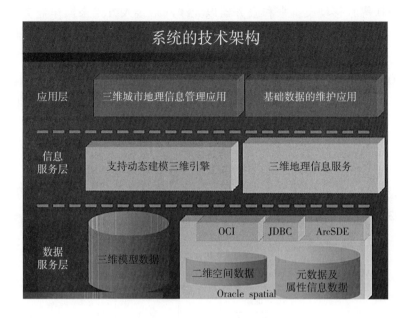

图 7-2　系统的技术架构

理信息交互功能，建立空间业务服务，该部分采用 J2EE 架构，以 Web 服务方式构建系统。三维地理信息服务采用应用服务器上发布 Web 地图，J2EE 体系结构建立系统环境业务应用系统，提供基于 Web 方式的业务管理功能，可提供同时供 B/S 应用和 C/S 应用的业务组件。支持动态建模三维引擎用来展示空间地理数据，能够实现自定义模型数据的读取，系统展示空间模型的存储功能。为实现城乡规划（城市规划）业务规则数据采用 B/S、C/S 混合架构建立系统，B/S 功能界面可以和 C/S 地图操作功能双向交互。例如，地图表现在 C/S 客户端进行，地图查询操作在 GIS 平台上进行，查询结果则采用 Web 页面来显示；反之，大量的数据管理功能在 Web 页面上进行，当需要查看地理位置时，通过网页界面发送地图响应请求给 GIS 客户端实现。

　　用户应用层是把具体的实际的业务和技术开发分离出来，具体城乡规划（城市规划）业务包含基础数据配置维护应用、三维地理业务管理应用。考虑到通用性基础数据配置维护功能，采用 IE 浏览器以 Web GIS 方式来完成业务功能应用，同时也可采用运行在 PDA 上的 Mobile GIS（如

Arc PAD 等）移动设备来和服务器以无线网络接入方式来操作业务功能。三维地理业务管理功能支持多层显示地理信息的要求，主要针对基础数据的业务处理，在大量的业务功能都部署在服务器的情况下，能在 Oracle、Arc SDE、Post GIS 等 GIS 空间数据库平台上进行地理信息管理，能够直接支持 Arc GIS、Auto CAD、Geo Server、PDA 上进行地理信息功能相互调用。

（二）规划设计内容

基于 GIS 的规划设计的内容可分为二维规划设计现有基础信息、三维规划设计现有基础信息、规划方案库、建设项目库、规划三维模型等（见图 7-3）。

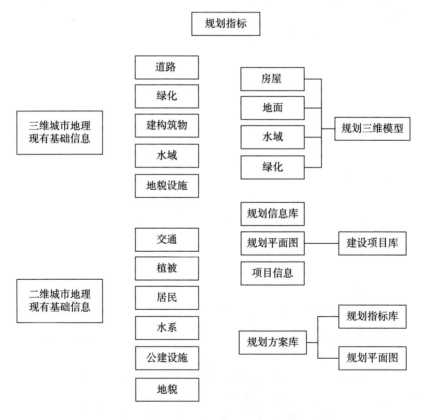

图 7-3 基于 GIS 的规划设计内容

1. 二维规划设计现有基础信息

应用平面方式来表示的基础信息包含平面图 X，Y 坐标信息；用二维信息描述的内容有交通、植被、居民、水系、公建设施、地貌等。

2. 三维规划设计现有基础信息

需要用三维模型来表现的信息内容，按照表现效果和实际应用分为精细三维模型、标准三维模型、一般三维模型三种规格模型，针对规划区域采用自动建立三维模型体块的方式构建。

（1）精细三维模型，针对重点地区（商务中心、行政中心等）、重点道路两边的建筑物，高架路、高速公路等建立精细三维模型，采用以下标准建立：①1 米以上凹凸建筑特征、采用实际测量的高程值，主体楼高采用实际测量。②地面高程精度 0.1 米。③道路包括斑马线、盲道、路沿、车道、道路上的标志等。④具有文字标识、Logo、底商。⑤包括地面道路、河流、绿化带、树、路灯、红绿灯、广告牌、公交站牌、雕塑以及其他地物要素。

（2）标准三维模型，对于居民小区内部、非重点地区，按照标准三维模型标准建立模型：①1.5 米以上凹凸建筑特征、高程精度。②1 米高度标志物采用同类型房屋的高度。③具有道路面形状、路沿、车道。④主要道路两边的文字标识、Logo、底商。⑤照片纹理和材质库纹理。⑥采用和实际相符的模型和图片。⑦包括地面道路、河流、绿化带、树、路灯、红绿灯、广告牌、公交站牌、雕塑以及其他地物要素。

（3）一般三维模型，对于居民小区内部、非重点地区按照一般三维模型建立模型：①按照二维 GIS 库自动建立建筑轮廓、按照房屋类型、层数生成模型高度，高程值采用从高程点图层自动搜索方式建立。②具有道路面形状。③按照高程点图层高程值建立地面。④现场拍照，采用与现状一致的材质、纹理贴图。⑤包括地面道路、河流、绿化带、路灯及其他地物要素。

3. 规划方案库

规划方案库建立在规划指标、规划平面图之上，规划指标包含建筑物层数及楼高、建筑面积、基底面积、绿地率、建筑密度等。制作出来的三维模型库替代现状的三维模型后，符合规划指标才能建立三维模型库和信息库的管理，形成规划方案库。

4. 建设项目库

建设项目库将包括规划项目基本信息，每个项目包含多个规划方案信息，规划方案包括各种规划要素，如房屋、绿化、道路、管线、水域等。每一种要素将包含相关的规划设计信息。同时，还需要建立完整的二维的分层平面图，和规划方案信息属性库一一对应。建设项目规划方案库，是把各规划项目的设计方案指标、方案描述信息等存储到规划设计方案库中，按照规划系统的要求，建立规划三维模型库，能够在系统中实现真三维的、任意视角的三维模型查看、模型调整。建设项目规划方案库建立与规划方案报批同步，在方案报批的时候建立，今后的建设项目规划方案库采用本项目建立的标准，由设计单位提供项目信息、方案信息以及三维模型。实现规划项目信息的录入、编辑等操作，详细规划项目信息管理，在进一步需求分析后进行补充。

5. 规划三维模型库

规划三维模型库是一个建成区现状三维模型和规划三维模型的整合体，与现状三维模型库建立类似，把 3DS 格式的规划方案三维模型导入到规划方案三维模型库中。在入库过程中，需要对三维模型进行检查，并建立与规划方案信息库相对应的唯一识别码和类型码。通过规划三维模型库，可以快速地查询到规划方案的三维模型，以供规划辅助决策支持系统进行快速的三维操作（如三维浏览、模型编辑等）。规划方案二维平面图库是把采用 Shape 格式存储的规划方案 GIS 数据导入到 SDE 库中，规划辅助决策支持系统从 SDE 中读取规划方案的规划平面图，该部分工作与规划方案信息库建立同步完成。规划三维模型标准如下：

（1）严格按照规划平面图、规划效果图制作。

（2）模型坐标系与二维 GIS 坐标系一致。

（3）模型数据库结构完全按照三维显示平台规范进行制作。

（4）多边形面数控制在制作规范允许范围内。

（5）贴图格式准确、贴图尺寸准确。

（6）模型与模型之间不能有未衔接的缝。

（7）看不见的多边形完全删除。

（8）模型格式版本的统一。

（9）模型数据库结构与平台数据库结构相统一。

（10）具有正确的高程值、模型的高度正确。

（11）每个房屋及其他相关设计要素建立独立的对象，并附加唯一识别和方案信息相对应。

（12）房屋的主楼和裙楼分开为不同的物件。

（13）房屋的三维体每层的平面截面线要形成封闭的面，并和分层平面图相同。

（14）尽量简化模型的复杂度。

（15）模型制作过程中，面不要重复，三维体里不要有多余的面存在（不存在看不见的面）。

（三）数据库体系设计

在城乡规划（城市规划）与管理信息系统建设中，数据库建设是核心内容，数据的可靠性、数据组织方式的合理性将直接影响系统数据库的成败，也是影响整个系统的关键。园区数据的多类型、多尺度、多层次等特点决定了规划数据的复杂性，只有有效组织和管理这些数据，使它们能够构成一个整体来相互补充和参照，才能充分发挥数据的作用，便于查询、分析和辅助决策。园区规划管理信息系统采用 SQL Server 数据库进行存储与管理。

1. 数据库设计标准

为了实现多源数据的无缝连接与整合，保证城乡规划（城市规划）信息的一致性、兼容性、可转换性和完整性，需要制定一套适合园区规划建设具体情况的标准规范体系，有利于促进园区规划信息的生产、更新、管理、分发与应用服务。

（1）建立统一的城乡规划（城市规划）空间定位基准，包括统一的城市坐标系统、地图分幅编号规则，确定城市基础地图基本比例尺等。

（2）遵循统一的城市测量与工程测量规范，包括城市基础地图测绘及制图、城市基础设施测绘及制图、建设工程放线验收测量及制图、城市基础设施竣工测量及制图等规范与标准。

（3）建立统一的数据标准，包括数据分类、分层及编码规则、规划和建筑报审数据标准、规划编制成果数据标准、数据字典和各数据库文件命名标准、数据格式与交换标准等。

（4）规范操作与作业规程，包括图文信息数字化和数据库建库作业规程、数据质量控制标准、数据库维护流程、各类表格、文本等文档信息的格式标准等。

（5）体现城乡规划（城市规划）信息特点的元数据标准。

（6）建立相对健全并合理的数据动态更新机制，保证数据的一致性、完整性和现实性。

2. 数据库设计要求

城乡规划（城市规划）信息数据库用以一体化存储和管理园区各类空间数据及属性数据，其数据结构和数据库设计要求如下：

（1）在满足既定规范的情况下设计结构尽量简洁明了。

（2）统一考虑各项数据的组织关系和存储模式。

（3）实现数据内容和配置数据的分离（配置数据主要指数据管理、显示等的控制性数据）。

（4）当数据量增大到一定程度时，数据访问速度不会随数据量的增长而衰减。

（5）数据结构合理，易于数据迁移。

（6）方便历史数据的管理。

（7）考虑总规、分规、详规与各审批红线数据之间的关系。

（8）考虑选址蓝线、规划红线、用地红线、放样红线数据之间的关系。

（9）考虑地形图数据、管线数据与"一书两证"审批业务数据之间的关系。

（10）考虑图形数据与文档数据之间的关系。

三、建立城乡规划大数据标准体系，以智能化软件系统为依托，提高规划信息化和科学化水平

（一）探索构建规划信息管理标准化体系，提高规划数据共享水平

随着计算机技术的飞速发展，信息系统在城乡规划领域的应用不断普及，城乡规划领域也迎来了信息化、数字化建设的高潮。从基础资料的获取、规划方案的比选、规划成果的编制到规划成果的应用、规划实施的监督，城乡规划信息发挥着巨大的作用。然而，由于基础信息的来源不同、采用的术语标准不同、信息系统的平台不同、编制单位的规范不同、应用领域的要求不同，在实际工作过程中，规划信息出现了数据成果的格式多样、种类繁多、精度不一、难以共享和交换的问题。这些问题给信息数据的维护与交换、信息系统的开发与扩展、数据质量的控制与保证等带来了很大的困难，导致大量的数据重复建设和投资，严重制约着规划信息向整体化、集约化方向发展，因此只有在规划领域建立信息数据的统一标准和规范，才能确保规划信息建设的可持续发展。

城乡规划现代信息开放实验平台将规划信息标准化体系作为重要核心内容之一，努力加快完善城乡规划信息标准体系，将组织规划专业人员与空间信息专业教师，特别是熟悉上述两个专业的复合型专业人员，尝试建立城乡规划（城市规划）领域与相关领域对接的信息统计标准、归属归类标准，以及信息编码、数据结构、数据表达、存取方法和信息交换接口等标准，细化各类数据交换格式，研究无损转换方法，完善各类元数据规范和组织方式，为标准化体系构建奠定基础。同时，编制规划数据的质量检查标准体系，完善规划成果综合验收机制。规划编制成果包括总体规划、分区规划、控制性详细规划等类型，它是规划信息系统重要的数据来源，对规划管理起着直接的指导作用，因此，要探索将空间数据的精度、属性数据的准确率、逻辑一致性、数据相容性、表达形式的合理性等纳入规划成果质量检查全过程，从而构建一套完善的规划信息标准化体系，以提高规划信息共享水平。图 7-4 为城乡规划现代信息开放实验平台系

统框架。

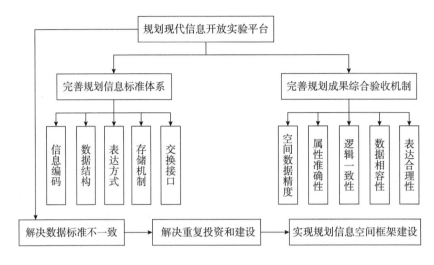

图7-4 城乡规划现代信息开放实验平台系统框架

（二）分析并开发规划信息智能管理软件系统，提高规划设计科学化水平

当前，CAD、GIS等数字技术已全面进入城乡规划领域，为城乡规划（城市规划）提供了科学客观的信息化技术支撑，但在实际使用中仍存在大量问题，如CAD仅限于快速绘图，无法为规划设计工作提供信息提取、分析统计等功能，GIS技术虽然提供了丰富的分析功能，但由于缺乏相关专业研究，难以直接为规划设计提供技术支撑，大多数规划工作仍然依靠传统的定性分析手段，缺乏定量分析和科学规划依据。

城乡规划现代信息开放实验平台将全面调研当前各类规划设计方式和信息化软件系统，分析整理其中所面临的问题，在充分解读规划编制方案基础上，将CAD技术与GIS技术深度融合，开发一套"城乡规划智能管理信息系统"。系统利用GIS软件平台，根据统一的数据模型和数据标准，搭建覆盖城市的多尺度、多数据源、多时态的基础地理信息、规划设计信息、地下管线信息及三维城市模型、多媒体信息和其他专题信息数据库，以二维、三维一张图为基础，以业务办公为目标，以辅助决策为核心，全面提升规划信息化和科学化水平。系统功能涵盖从数据存储到数据更新、浏览查询、分析应用和业务制图等多方面，主要包括规划一张图、业务办公、三维 GIS、电子报批、三维会商、日照分析、地下管线等模块，以可视化方式从宏观和微观层面满足规划设计、查询、统计和分析需要，从而为规划信息化提供科学数据和结论，并辅助规划管理决策。图 7-5 为城乡规划智能管理信息系统框架。

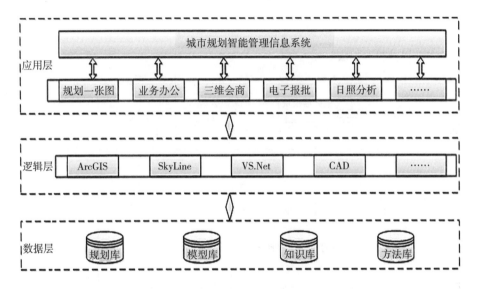

图 7-5　城乡规划智能管理信息系统框架

四、构建可视化大数据平台，深度改革教学模式，提升综合教学水平和学生创新实践能力

传统城乡规划教学中的课程设计和毕业设计，重点放在通过二维图纸与效果图来表现。二维图纸应用的局限性很大，不能直观体现建筑物的各类信息。在教学过程中教师需要通过参观实际建筑场地或者查看教学模型来进行知识补充，因此相对要付出较大的时间成本和经济代价。在特殊情况下更是难以近距离观察实物，如城市地下空间或者建筑的隐蔽部分、墙内细部结构或者建筑布筋等。除此之外，通过视频和照片也往往只能反映某一特定角度和特定视域范围内的建筑特点，不能反映全面的信息。这种

传统教学法不利于学生尽快将理论知识与实际运用相结合。

城乡规划信息开放实验平台建成后，将通过三维可视化浏览系统及大数据模型数据库有效解决这一问题，将教学中书本知识具象化、可视化，减弱师生之间交流困难，改善学生学习效果。图7-6为实验平台教学部分系统框架。通过可视化的大数据实验平台系统，传统教学将在以下三个方面获得根本性变革：

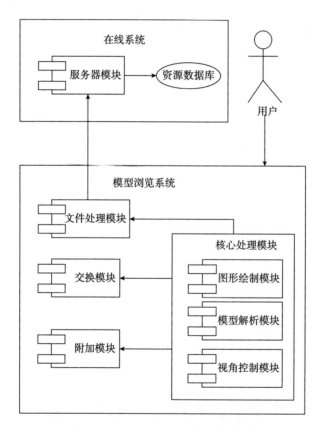

图7-6 实验平台可视化教学系统框架

（1）课堂授课方式的改变。教师可以更加形象地讲解城乡系统中各类三维空间的特征，教师单一授课的局面将彻底被打破，交互式教学将成为新型课堂教学的主体，有利于提高学生学习的积极性。同时，平台系统不局限于传统课堂固定时间、固定地点的方式，使用在线开放功能使得教学资源的分享更容易，有利于课堂教学的延伸。

（2）教学内容的改进。在传统授课计划中逐步增加建模学习环节，让学生通过与系统平台连接的常规软件，通过系统平台提供的真实数据，进行课程设计或者毕业设计，从而加强学生对于知识点的体验，将书本理论知识转化为实际操作的能力。通过制作高度仿真 3D 城市虚拟模型，不仅使知识点更加直观，同时还锻炼了学生的动手能力，提高了学生参与教学活动的积极性。学生的制作成果符合平台数据标准的，也可以补充系统的在线模型资源，实现教学相长。

（3）考核方式的改进。实验平台的考核方式将根据新的教学方法进行改进。在传统考核方式中教师的主观性过强，而新方式更多强调对于知识点的真实运用。借助城乡数据平台的评价和验收体系对学生的实体模型进行综合评议，能够增加考核方式的科学性。同时，学生在课程建模阶段，亦可以借助平台的评价体系对方案进行反复调整，有利于提升学生的主动探索能力和创新实践能力。

第三节　开放平台教学实验室建设总体思路

一、建设目标

（1）结合学校的教学科研需求，定制虚拟仿真系统软件。该系统主要功能是利用计算机虚拟现实技术、仿真技术、智能控制技术和交互设备，进行三维立体的展览展示，辅助城市设计、环境艺术、风景园林、建筑学等专业教学和科研工作，建设人机实时交互操作的体验教学系统和实验、试训平台，满足学校的教学、科研及产业合作等综合功能。建设虚拟仿真实验室包括显示子系统、交换子系统和虚拟仿真平台。

（2）城乡规划信息开放实验平台搭建目标。搭建大数据、智慧城乡建设物联网之间的联系。大数据是针对城市生活中各类问题有效且精准的预测和定位；智慧城乡建设是组织建立一套标准统一、数据共享、技术含量高，与规划业务一体化的空间信息资源数据平台；而物联网使城乡管理者更加智能有效地解决城乡各类城市市政基础设施和公共服务设施、交通、建筑、能源等各类问题。

（3）在充分保障数据安全的基础上实现规划信息资源的有效积累，建立更新机制、提高共享程度、改进管理和服务模式，促进不同部门和专业间不同规划信息系统的协同，使规划信息资源价值充分发挥。

（4）平台建设：研发空间数据管理平台，典型案例应用开放平台。可以结合一个城市街区或美丽乡村建设具体规划项目案例实施、解决数据来源、规划智慧街区建设、管理部门服务建设等案例应用。

二、建设内容

（一）实验教学体系建设

从未来社会对人才的需求、学科前沿发展、实验教学改革及人才培养方案变更的需求出发，对比现有实验教学体系，提出能满足未来教学需要的实验教学体系。

提出实验教学改革思路，完善实验教学体系，具体方法如下：

（1）发展"学生实训体系""研究合作体系"与"教师发展体系"三系合一的实验教学体系。

（2）满足教学改革和人才培养方案更新需求的实验教学体系。

（3）促进学科发展、校内外（国内外）交流合作，满足将来工作坊、训练营需求的实验（体验）教学体系。

（二）实验室平台建设

与国家测绘工程技术研究中心合作，国家测绘工程技术研究中心工程主要职责是面向测绘地理信息及其他社会行业，深入挖掘经济社会发展的新需求，推动测绘地理信息科技成果的产业化与工程化，实现测绘地理信息科技与经济的有效结合，促进行业整体发展水平的提升，为国民经济和社会发展提供可靠保障。其主要任务包括产业化应用研发和工程技术研究、科技成果转化、开放服务以及国际合作四项内容。结合我们当前的发展目标，国家测绘技术研究中心可以提供最基础的大数据，华北水利水电大学测绘也有省级重点实验室正在建设中，根据实验平台建设思路，提出实验室条件支撑平台的最基础的大数据来源。

为实现实验教学资源充分共享，首先搭建专业公共实验平台，在此基础上分专业构建实验平台，同时专业平台建设也应充分考虑资源共享，避免重复建设。其次建设各专业通用平台，加强各专业互相学习和启发，促进关联学科融合、发展开放式平台，校企联合，与科研项目相结合。最后筹建城乡规划现代信息综合平台，加强与 GIS 等校内优势学科的结合，创建省市级重点实验室。

第八章　总结和展望

第一节　大数据时代与城乡规划学科的教学改革

一、大数据相关研究现状分析

城乡规划专业对数据的运用，目前主要在计算机表达领域，如计算机辅助设计（CAD）、三维建模（3DMAX）以及一些排版领域等。教育部科技发展中心在西安举办的 2014 年高等教育信息化创新论坛，专门针对大数据时代促进科研信息化、复合型信息创新人才培养、教育云平台、高校数字化发展与运用创新等课题进行了研讨，促使我国教育界迅速跟进世界大数据时代发展潮流。

二、城乡规划学科的教学改革

回顾我国城乡规划专业的发展历史，从过去从属于土木工程学科到如今的独立学科，城乡规划的教学改革变化不大，虽然有来自不同专业的教授专家等教育先驱引入各国教育理念，但主要沿袭 1952 年按照苏联模式建立起来的框架（侯丽，2013），传统城乡规划院校教学模式依旧是以建筑学为背景，除了新增城市社会学、经济学等选修课，引入计算机辅助设计软件教学，整体教学框架变化不大，无法满足我国城乡管理发展需求。

第二节　城乡规划的学科发展研究

大数据已经由原来的数据集合概念，逐步演化为大数据技术、大数据产业、大数据商业模式，演变为大数据的管理与服务理念、大数据的价值观与方法论，并且成为国民经济和社会信息化发展的新形态、新阶段。

一、大数据背景下的智慧城市发展

大数据概念的提出和发展主要来自信息与通信技术（ICT）领域的发展，而智慧城市概念的提出和发展则是 ICT 影响下人类社会的思想观念与建设实践演进的反映，两者之间具有紧密的关联关系。相关智慧城市研究仅仅发展几年，便有诸多研究成果：龙瀛等则提出了大模型进行城市与区域研究的思路，结合推倒城镇建设用地范围、城市增长边界评价等案例，阐述了其将城市研究拓展到大尺度与精细化单元的特点。

二、面向社会需求的大数据规划

随着历史的发展可以看出，城乡规划具有面向政治统治、面向经济发展和面向社会发展三个阶段。我国根据新型城镇化战略导向内涵和要求提出"十三五"期间要构建面向社会发展的城乡规划，把"人—社会—空间"的分析作为主线，把满足社会发展需求的内容作为规划核心，把社会参与作为规划决策的核心环节（王兴平，2014）。

三、城市大数据的生态环境研究

城市大数据有利于生态环境系统的建构。通过发展"智慧技术及生态环境", 避免危及城市居民健康或对城市环境有明显伤害的规划方案, 发展理性、适度、健康的生态环境观念, 引导生态城市结构和节能减排的发展, 推动生态城市指标朝着绿色化、循坏化的方向发展, 可以有效地协调人与自然、经济与环境的关系, 从而实现可持续发展, 有利于社会协同演进发展。

四、城市大数据的城市空间研究

大数据背景下的城市空间规划, 在宏观层面依托信息技术对产业升级的助推效应, 探索城镇体系等级结构和职能结构的优化。利用全球夜晚灯光分布数据, 根据灯光的亮度和密度, 可以清晰地判别出城镇体系的热点区域, 相比采用遥感影像和社会经济数据的分析更为简便直观。利用通信、交通技术对大都市区人口、产业疏散的经验研究, 培育形态上相互分离、功能上相互协调的多中心新型大都市区, 从区域层面缓解向心式大城市的各种弊病 (赵渺希、王世福、李璐颖, 2014)。

五、城市大数据的城乡规划编制研究

在城乡规划编制中应用大数据, 最根本的原因在于城乡规划编制的客体——城市发生了变化。ICT 技术的发展使我们所处的城市更加智能化, 城市空间更加流动, 土地利用更加多元, 个体行为选择影响加大, 城乡规划中理应体现这些变化, 而大数据本身是变化的, 组成部分也是结果。城市中各种要素不断交织融合, 规划编制复杂性有增无减, 而大数据全面广泛的特性恰好能满足规划编制复杂性。另外, 现代城市发展速度越来越快, 要求城乡规划编制能够反映最新的城市状态, 同时在规划编制之后, 能够通过最新的数据分析, 发现城市发展的变动情况, 进而提出城乡规划调整建议, 大数据的连续性和及时性可以实现城乡规划编制动态分析与显示, 不断反馈相关信息, 修正设计结果, 进而实现城乡规划的公平正义。

第三节 城乡规划学科职业范围分析

一、传统背景下城乡规划职业范围及评价

现行规划法中定义的城乡规划，包括城镇体系规划、城乡规划（城市规划）、镇规划、乡规划和村庄规划，这些规划又分为总体规划和详细规划。详细规划分为控制性详细规划和修建性详细规划。根据城乡规划法，总规和详规都属于法定规划。

规划法所称的规划区，是指城市、镇、乡和村庄的建成区以及因城乡建设和发展需要，必须实行规划控制的区域。规划区的具体范围在编制城市总体规划、镇总体规划、乡规划和村庄规划时，根据城乡经济社会发展水平和统筹城乡发展的需要由规划设计单位和当地政府共同划定。

城乡规划法中规定：城乡规划部门的职责是完成相应规划区的各类规划编制，并且负责规划的实施及管理，即规划落地。

（1）城镇体系规划的内容包括城镇空间布局和规模控制，重大基础设施的布局，为保护生态环境、资源等需要严格控制的区域。

（2）城市、镇、乡、村庄总体规划的内容包括：发展布局，功能分区，用地布局，综合交通体系，禁止、限制和适宜建设的地域范围，各类专项规划等。规划区范围、规划区内建设用地规模、基础设施和公共服务设施用地、水源地和水系、基本农田和绿化用地、环境保护、自然与历史文化遗产保护以及防灾减灾等内容，作为总体规划的强制性内容。可以看出，在总体规划中除了规划建设本身，还涉及国土、水利、农业、环保、旅游、文保等方面的内容，一般总体规划中的做法是"拿来主义"，即收集各部门的相关资料纳入总体规划中，用规划行业的表达方式体现在总体规划中，在纳入的过程中进行一些分析研究，发现不完善的地方可以向相关部门提出，以便它们在本部门规划调整的时候与我们的规划相协调。这

种工作方式虽然有进行多部门协调，但责任和结果都不确定，并不能保证落实，而是来回"踢皮球"，没有达成各部门之间应有的统一。在总体规划中禁止、限制和适宜建设的地域范围划定也缺乏强有力的技术支撑，具有较大的随意性。

（3）规划的区域、范围和规模：按照城乡规划法要求，由规划编制单位在编制城市总体规划、镇总体规划、乡规划和村庄规划时，与当地政府一同根据当地经济社会发展的实际并与土地利用总体规划相衔接确定。从操作上来讲，众多部门对山、水、林、田、湖、草、海都具有管理职责，由建设部门划定的规划区范围大都与这些部门划定的范围有出入。城乡规划常常会出现两个矛盾：一是与国土部门的土地利用总体规划之间存在规划要发展、国土要控制的矛盾，最常见的问题是规划用地指标超出国土控制指标，解决办法是没办法，一般是国土部门不强制而采取通融的做法，实际上国土部门也不可能强制同级的建设部门执行自己的规划。二是规划部门与水利、发改、环保、农业等部门理论上应该是存在许多需要协调的内容，而由于系统的局限性，实际情况是各部门都认为自己的规划合理合法、不能触碰，导致规划部门的这些协调工作常常流于表面，工作是做了，但很难达到实质性协调统一的效果。规划部门做的这些协调工作，实际价值作用非常有限，规划更多的还是解决空间布局和项目落地等问题。2015年我国从海南省开始试点由住房城乡建设部牵头的"多规合一"，就是为了破解各部门规划之间的冲突、打架、难以协调的问题，在全局的高度进行统筹和平衡。近几年推行的情况是，受政府委托建设部门从技术上完成"多规合一"没有问题，但是由于涉及太多其他部门，实施落实依然存在大量的协调工作。

（4）乡、村庄规划的内容包括：规划区范围确定，住宅、道路、供水、排水、供电、垃圾收集、畜禽养殖场所等农村生产、生活服务设施，公益事业等各项建设的用地布局、建设要求，以及对耕地等自然资源和历史文化遗产保护、防灾减灾等的具体安排，还应当包括本行政区域内的村庄发展布局，涉及面非常广泛，需要协调的部门众多。

二、新形势下城乡规划职业范围分析

城乡规划管理纳入自然资源部，在这一新背景下，城乡规划的工作重点和职业范围可能会发生以下变化：

（1）法定规划的编制和实施管理由原来属于住房城乡建设部责任范围调整为自然资源部责任范围；城市设计、建筑设计、施工等属于具体建设和管理的职责依然属于住房城乡建设部职责范围。

（2）城乡规划法的相应内容可能会进行调整和完善。原总体规划层面的大量工作内容现归属于自然资源部，在自然资源部范畴下完成。之前，分散由各个部门分别管理的土地指标、用地布局、基本农田划定、自然保护区、风景名胜区、自然遗产等管理职责被整合，都归由自然资源部统一管理。禁建、限建和适建的地域范围划定和规划范围及用地规模的确定不再由城乡规划部门独自完成，而是协作完成。以往规划中需要进行的大量协调工作迎刃而解，城乡规划专业的职业重点可以回归到深入研究与城市本身密切相关的问题，而不再把大量的精力用在外部协调。原国土资源部的土地勘测设计院与住房城乡建设部的城乡规划设计院在业务上会产生一定的竞争，对后者会产生影响。城乡规划专业人员的就业一部分会转向土地勘测设计院。而住房城乡建设部系列的规划技术人员需要具备城市设计、建设、施工及管理等细分的专业知识及技能。

（3）住房城乡建设部范畴的工作深度和细度应该会加强。城乡规划工作中对于地质状况的关注和研究，对于地形的分析，对于道路工程和管线综合的规划深度，对于建筑形态形体、建筑空间、建筑尺度的研究和把握等方面都会强化。

（4）城乡规划工作应该回归到深入研究城市本身及物质空间问题，充分关注使用城市的"人"的各种需求，规划落脚点以人为核心、以人为本。

（5）城乡规划工作重点可能会从过去的强调"全域管控""统筹规划"向更加关注"中心城区"转变。从外延扩张向内涵提升转变，加重对"存量规划"研究的分量。

（6）规划的技术表达和技术成果可能会发生变化，纳入自然资源部的各部门原来使用的用地分类标准及图纸表达方式应该会统一到新的标准。从城乡规划角度来说，现行的用地分类标准等技术规范可能会进行相应的调整；规划技术成果应该要与国土、发改、水利、农业、林业等各方面相关内容一起切入统一的公共信息平台。因此，大数据和 GIS 在城乡规划领域的运用会大大增加。

第四节　城乡规划专业本科培养目标分析

一、现行的城乡规划专业本科培养目标

现行的专业培养目标为：具备城乡规划、城乡设计等方面知识，能在城乡规划设计、城乡规划管理、决策咨询、房地产开发等部门从事城乡规划设计与管理，开展道路交通规划、市政工程规划、生态规划、园林游憩系统规划，并能参与城乡社会与经济发展规划、区域规划、城乡开发、房地产筹划以及相关政策法规研究等方面工作的城乡规划学科高级工程技术人才。

二、城乡规划专业本科培养目标优化完善

新形势下，对城乡规划专业的培养目标提出了更高的要求，从规划类院校和专业角度来看，必须随着机构职能的变化和新的业务需求对课程设置、教学内容和教学方法进行相应的调整优化，设计出融合城乡规划、土地规划、城市管理、土地资源管理等相关专业的新学科知识与技能体系，以适应规划变革的需要。

城乡规划专业的生源主要来自于理工科，但这个专业学习的内容还涉及广泛大量的文科及艺术，是一个边缘性学科。这个专业在学习和工作中

涉及的知识面十分广阔，一个优秀的城乡规划师需要的知识储备量非常巨大，接近于一个"万能手"，需要关注当前政策热点，了解经济学、心理学、美学，有比较强的语言和图纸表达能力、比较强的与人沟通的能力、比较强的写作能力，还要有美术功底。即使是五年制规划专业本科毕业，要成为一名合格的规划师也还需要经过艰苦的积累。顺应城乡规划师的职业特点和专业素养，一般要有更宏观、更全面、更系统的视野，更从容、宽容和包容的心态。从本科教学来看，很多学校对城乡规划专业学生宏观方面的培养和训练较多，微观训练较薄弱，使规划专业学生有一个明显的"短板"，就是有想法、有思想、有创意，但很难细致深入做下去，想法很难落地，这也是规划存在不可操作性的原因之一，也造成了行业中"规划规划，墙上挂挂，纸上画画，不如领导一句话"现象的存在。笔者认为，需要在现有培养目标的基础上强化两个方面：宏观层面继续扩大学生知识的广度，增加与国土资源、发改、水利、农业、林业、海洋等相关部门对话和协调的能力；微观层面强化培养学生专业知识的深度，对空间和产生问题的研究要细分下去，具有可实施性，强化学生工程地质、地形分析和利用、道路工程和管线综合规划设计、建筑形态形体、建筑空间、建筑尺度等方面的能力。

第五节　新形势下高校城乡规划专业本科教学内容优化探讨

当前的新形势对城乡规划师提出了更高的要求，需要从本科阶段开始比以往更严格、更艰苦的学习和培训，需要具备扎实的专业基础、熟练的专业技能、丰富宽广的知识面和开放包容、不断学习的心态。为了更好地适应日新月异、不断提高的市场需求，从本科教育开始就应该与时俱进。新形势下，城乡规划专业在高校本科教学中应该在现有基础上具体优化以下三个方面。

一、增加大数据相关内容

大数据为城乡规划研究带来机遇，当前我们正处在智慧城市建设的年代，从 2008 年提出智慧城市到现阶段信息化建设已经提升到了全面运用的阶段，大数据在城乡规划中可以有十分广泛的运用。例如，城乡规划数据库的建立、运用以及与其他行业数据共享。又如，以往规划中对于城市经济发展、城市人口和用地规模预测、城市发展方向确定、城市交通规划方案等，传统规划模式下主要是运用定性的方法得出方案，感性的因素占绝对比例。但是在当前新形势下，依然延续传统的规划方法已经不能满足发展的需要，大数据技术在社会各个领域包括城乡规划领域的运用必然是大势所趋。对于城乡规划本科学生甚至是从业的城乡规划（城市规划）师而言，不必人人都成为大数据专家，规划的重点依然是研究与空间相关的领域。规划师与大数据技术的关系应该是了解进而可以运用，对大数据掌握和了解的最低限度要达到可以"发牌"的程度，也就是可以与大数据专业技术人员对话沟通，借用大数据专业人员的技术完成规划中需要的工作。因此，在规划专业本科教学中应该增加与大数据技术相应的课程。

二、增加 GIS 的了解与运用课程

城市 GIS（地理信息系统）应用与当前大数据分析密切相关，是随着计算机技术、遥感技术和信息科学、地理科学发展而发展起来的一门学科。在实际运用中，一个地理信息系统要管理非常多、非常复杂的数据和图形，还要计算它们之间的各种复杂关系。目前已经运用在资源开发、环境保护、城乡规划、人口规划、生态规划、土地管理、农业调查、交通、能源、通信、地图测绘、林业、房地产开发、自然灾害监测与评估等领域。各个部门的数据都放在这个平台上，相互之间可以参照共享，运用 GIS 平台做规划时就可以兼顾其他部门的情况，减少冲突。之前 GIS 在城乡规划领域仅有局部少量的运用，在新形势下，城乡规划领域的各种成果数据及表达储存方式，势必与国土等其他各相关部门一致，GIS 的大规模

运用势在必行。在规划专业本科教学中应该加大 GIS 的教学力度，提高对 GIS 的教学要求。

三、强化教学中的薄弱环节

对城乡规划专业学生在建筑形态形体、建筑空间、城乡空间、建筑尺度、工程地质、地形地貌分析、道路工程和管线综合规划等方面要加强训练。城乡规划专业一、二年级的课程设置与建筑学专业基本一致，对于建筑形态形体、建筑空间、建筑尺度等微观方面有过一些训练，也打下了一定的基础；但是从大三开始，规划的重点转移到对学生宏观、系统和逻辑的训练，同时却忽略了微观，就使规划专业的学生在四年级城市设计和毕业设计时显得眼高手低，规划思想落实不下去。

教学中对工程地质、地形地貌分析、道路工程和管线综合规划等方面的重视程度不够，造成了规划数据化训练和定量化训练不足，解决可实施性较差的问题。这种状况不能满足现阶段住房城乡建设部对于城市设计及城乡建设的需要。

第六节 结 语

新形势和大数据背景下，规划权已经发生了重新分配与整合。对于一个资深的城乡规划从业者同时又是一名规划专业教师而言，难免要对未来发展方向进行考虑。新的规划行业指导思想是什么？新的行业思路、新的行业观点、新的工作方法以及新的知识和技术体系如何构建？尤其与我们直接相关的城乡规划本科教育和教学如何适应行业新的需要？在本书中笔者表述了一些不成熟的观点，期待与同行共同研讨，共同寻找城乡规划教育发展的方向。

参考文献

［1］段德罡. 我国城乡规划专业基础教学的研究与探索——以西安建筑科技大学为例［D］. 西安建筑科技大学博士学位论文，2015.

［2］陈萍，徐秋实. "场景式"教学法在城乡规划专业外语教学中的运用——大学生多维实践型课堂教学模式系列研究［J］. 中外建筑，2014（6）：82-84.

［3］拜盖宇，张东. 浅析在设计课程中对城乡规划专业学生口头表达能力的培养［J］. 河南科技，2014（16）：255.

［4］黄亚平，林小如. 改革开放40年中国城乡规划教育发展［J］. 规划师，2018（10）：19-25.

［5］赵立珍，陈小辉，张鹰. 基于人居环境学科群的城乡规划人才培养模式创新探索［C］//高等学校城乡规划学科专业指导委员会，福州大学建筑学院，福建工程学院建筑与城乡规划学院. 2018中国高等学校城乡规划教育年会论文集［M］. 北京：中国建筑工业出版社，2018.

［6］宋亚亭. 中部地区"非主流院校"城乡规划社会调查课程教学方法探索——以华北水利水电大学城乡规划专业为例［J］. 河南科技，2013（16）：274-275.

［7］尹杰，宋斯琦. "数字化转型"背景下城乡规划专业信息技术应用的实践教学研究［J］. 高教学刊，2019（9）：91-93.

［8］牛丽娟. 《城乡规划概论》课程教学改革研究［J］. 建筑工程技术与设计，2016（9）：31.

［9］孙一歌，张百伶. 大数据支持下城乡规划专业设计类课程教学方法的思考［J］. 教育教学论坛，2018（7）：223-224.

［10］吴怀静. 工科院校城乡规划专业人才培养及课程体系优化调整

探讨 [J]. 福建建材, 2011 (1).

[11] 吴怀静. 基于过程性评价的城市设计类课程评价方法研究 [J]. 福建建筑, 2011 (1).

[12] 王宇. 地方院校城乡规划 (城市规划) 专业建设的探讨 [J]. 长江大学学报 (社会科学版), 2008 (10).

[13] 李献灿. 关于某校城乡规划 (城市规划) 专业课程的探讨 [J]. 山西建筑, 2009 (12).

[14] 任绍斌. 基于就业市场需求的城乡规划 (城市规划) 本科教育研究 [J]. 城乡规划 (城市规划), 2009 (9).

[15] 阎瑾, 赵红红. 浅议工科院校城乡规划 (城市规划) 专业培养重点及方法 [J]. 规划师, 2005 (3): 52-54.

[16] 张加颖, 孙洪庆. 城乡规划 (城市规划) 专业应用型人才培养的实践研究 [J]. 中国冶金教育, 2004 (1).

[17] 张军, 殷青, 庞春雨. 城乡规划 (城市规划) 专业培养方案探讨 [J]. 东北农业大学学报 (社会科学版), 2008 (8).

[18] 崔秀敏. 城乡规划 (城市规划) 专业人才培养方案探讨 [J]. 郑州航空工业管理学院学报 (社会科学版), 2006 (10).

[19] 魏毓洁, 赵晓铭. 地方院校城乡规划 (城市规划) 专业人才培养模式探析 [J]. 中国建设教育, 2009 (3).

[20] 陈秉钊. 谈城乡规划 (城市规划) 专业教育培养方案的修订 [J]. 规划师, 2004 (4).

[21] 袁敏, 缪百安. 城乡规划 (城市规划) 专业设计类课程体验式教学研究 [J]. 科技信息, 2008 (15): 229-230.

[22] 王浩钰. 设计类课程多元化考核体系研究 [J]. 当代教育论坛, 2010 (6).

[23] 高凌飚. 关于过程性评价的思考 [J]. 课程·教材·教法, 2014 (10): 45-46.

[24] 王淑芬. 基于综合素质和创新能力提升的园林设计教学方法研究 [C] //中国风景园林学会. 2010 中国风景园林学会年会论文集 [M]. 北京: 中国建筑工业出版社, 2010: 739-740.

［25］王淑芬，武风文. 基于过程性评价的园林景观设计课评价方法研究［C］//高等学校城乡规划学科专业指导委员会，福州大学建筑学院，福建工程学院建筑与城乡规划学院. 2008 全国建筑教育学术研讨会论文集［M］. 北京：中国建筑工业出版社，2008：198-201.

［26］高等学校城乡规划学科专业指导委员会. 高等学校城乡规划本科指导性专业规范（2013 年版）［M］. 北京：中国建筑工业出版社，2013.

［27］牛强，卢相一，杨超. 规划设计课程中的虚拟仿真 VR 教学技术和方法探索［C］//高等学校城乡规划学科专业指导委员会，福州大学建筑学院，福建工程学院建筑与城乡规划学院. 2018 中国高等学校城乡规划教育年会论文集［M］. 北京：中国建筑工业出版社，2018.

［28］洪英，文晓斐，孟莹. 新形势下城乡规划本科培养目标及教学内容优化探讨［C］//高等学校城乡规划学科专业指导委员会，福州大学建筑学院，福建工程学院建筑与城乡规划学院. 2018 中国高等学校城乡规划教育年会论文集［M］. 北京：中国建筑工业出版社，2018.

［29］韩贵锋，孙忠伟，叶林. 新形势下城乡规划技术教学创新模式研究［C］//高等学校城乡规划学科专业指导委员会，福州大学建筑学院，福建工程学院建筑与城乡规划学院. 2018 中国高等学校城乡规划教育年会论文集［M］. 北京：中国建筑工业出版社，2018.

［30］曾繁龙，戚路辉等. 大数据背景下城乡规划专业社会需求研究报告［J］. 科技视野，2018，252（30）：91-93，96.

［31］张万丽. 中国近代城市规划教育史研究［D］. 东南大学硕士学位论文，2017.

附 录 I

城乡规划专业教学计划

<table>
<tr>
<th rowspan="3">课程
分类</th>
<th rowspan="3">考核
方式</th>
<th rowspan="3">课程名称</th>
<th rowspan="3">学分</th>
<th colspan="3">学时</th>
<th colspan="10">学期</th>
</tr>
<tr>
<th rowspan="2">合计</th>
<th rowspan="2">理论
学时</th>
<th rowspan="2">实践
学时</th>
<th colspan="2">第 1 学年</th>
<th colspan="2">第 2 学年</th>
<th colspan="2">第 3 学年</th>
<th colspan="2">第 4 学年</th>
<th colspan="2">第 5 学年</th>
</tr>
<tr>
<th>1</th>
<th>2</th>
<th>3</th>
<th>4</th>
<th>5</th>
<th>6</th>
<th>7</th>
<th>8</th>
<th>9</th>
<th>10</th>
</tr>
<tr>
<td rowspan="8">必修课</td>
<td>考试</td>
<td>思想道德修养与法律基础</td>
<td>2.5</td>
<td>42</td>
<td>42</td>
<td></td>
<td>2.5</td>
<td></td>
<td></td>
<td></td>
<td></td>
<td></td>
<td></td>
<td></td>
<td></td>
<td></td>
</tr>
<tr>
<td>考试</td>
<td>中国近现代史纲要</td>
<td>2.5</td>
<td>42</td>
<td>42</td>
<td></td>
<td></td>
<td>2.5</td>
<td></td>
<td></td>
<td></td>
<td></td>
<td></td>
<td></td>
<td></td>
<td></td>
</tr>
<tr>
<td>考试</td>
<td>马克思主义基本原理</td>
<td>2.5</td>
<td>42</td>
<td>42</td>
<td></td>
<td></td>
<td></td>
<td>2.5</td>
<td></td>
<td></td>
<td></td>
<td></td>
<td></td>
<td></td>
<td></td>
</tr>
<tr>
<td>考试</td>
<td>毛泽东思想和中国特色社会主义理论体系概论</td>
<td>4.5</td>
<td>64</td>
<td>64</td>
<td></td>
<td></td>
<td></td>
<td>4.5</td>
<td></td>
<td></td>
<td></td>
<td></td>
<td></td>
<td></td>
<td></td>
</tr>
<tr>
<td>考查</td>
<td>形势与政策（1~4）</td>
<td>2</td>
<td>32</td>
<td>32</td>
<td></td>
<td>0.5</td>
<td>0.5</td>
<td>0.5</td>
<td>0.5</td>
<td></td>
<td></td>
<td></td>
<td></td>
<td></td>
<td></td>
</tr>
<tr>
<td>考查</td>
<td>思想政治理论课程实践</td>
<td>2</td>
<td>34</td>
<td></td>
<td>34</td>
<td>2</td>
<td></td>
<td></td>
<td></td>
<td></td>
<td></td>
<td></td>
<td></td>
<td></td>
<td></td>
</tr>
<tr>
<td>考试</td>
<td>英语读写译（1~3）</td>
<td>6</td>
<td>96</td>
<td>96</td>
<td></td>
<td>2</td>
<td>2</td>
<td>2</td>
<td></td>
<td></td>
<td></td>
<td></td>
<td></td>
<td></td>
<td></td>
</tr>
<tr>
<td>考查</td>
<td>英语视听说（1~4）</td>
<td>4</td>
<td>80</td>
<td></td>
<td>80</td>
<td>1</td>
<td>1</td>
<td>1</td>
<td>1</td>
<td></td>
<td></td>
<td></td>
<td></td>
<td></td>
<td></td>
</tr>
</table>

公共基础与通识课程

续表

课程分类		考核方式	课程名称	学分	学时			学期									
					合计	理论学时	实践学时	第1学年		第2学年		第3学年		第4学年		第5学年	
								1	2	3	4	5	6	7	8	9	10
必修课	公共基础与通识课程	考查	数学文化	2	32	32		2									
		考试	体育(1~4)	4	140		140	1	1	1	1						
		考查	军事理论	1	32	8	24	1									
		考查	创新创业基础(1~4)	2	32	32		0.5	0.5	0.5	0.5						
		考查	中华水文化	1	16	16			1								
		考试	大学语文与写作	2	32	32		2									
		考试	大学生心理健康教育	2	32	32		2									
		考查	计算机与信息技术	1	20	8	12	1									
		小计	16门	41	768	478	290	13.5	12.5	7.5	7.5						
	专业基础课	考查	美术(1~4)	6	192	192		1.5	1.5	1.5	1.5						
		考试	设计概论	2	32	32		2									
		考试	画法几何及阴影透视	2	32	32		2									
		考试	设计基础1	4	64	48	16	4									
		考查	设计基础2	4	64	48	16		4								
		考查	测量学	2	32	16	16			2							

课程分类	考核方式	课程名称	学分	学时 合计	理论学时	实践学时	1	2	3	4	5	6	7	8	9	10
必修课（专业基础课）	考试	建筑构造 1	2	32	32				2							
	考试	建筑设计 211	4	64	48	16			4							
	考试	建筑设计 221	4	64	48	16				4						
	考试	中外建筑史	4	64	64					4						
	考试	中外城市建设史	4	64	64						4					
	考试	城乡规划原理（1~2）	4	64	64						2	2				
	考试	城乡道路与交通规划	4	64	64							4				
		小计 13 门	46	832	752	80	9.5	5.5	9.5	9.5	6	6				
		专业核心课	42	672	608	64					8	14	10	10		
		集中实践教学环节	47	940		940	1	4	2	6	2	2	5	1	10	14
		必修合计	176	3212	1838	1374	24	22	19	23	16	22	15	11	10	14
选修课		专业选修课	24	384	336	48			4	2	4	2	6	6		
		文化素质类选修课	6	96	96											
		选修合计	30	480	432	48			4	2	4	2	6	6		
		总计	206	3692	2270	1422	24	22	23	25	20	24	21	17	10	14

专业核心课（必修课）

考核方式	课程名称	学分	学时			学年、学期、周学时										备注
			合计	理论学时	实践学时	第1学年		第2学年		第3学年		第4学年		第5学年		
						1	2	3	4	5	6	7	8	9	10	
考查	城乡生态与环境学	2	32	32							2					
考查	城乡基础设施规划	2	32	32							2					
考查	城乡综合调查研究	2	32	32							2					
考查	地理信息系统应用	2	32	32								2				
考查	城乡规划管理与法规	2	32	32									2			
考试	城乡规划设计311	4	64	56	8					4						
考试	城乡规划设计312	4	64	56	8					4						
考试	城乡规划设计321	4	64	56	8						4					
考试	城乡规划设计322	4	64	56	8						4					
考试	城乡规划设计411	4	64	56	8							4				
考试	城乡规划设计412	4	64	56	8							4				
考试	城乡规划设计421	4	64	56	8								4			
考试	城乡规划设计422	4	64	56	8								4			
合计	13门	42	672	608	64					8	14	10	10			

选修课

课程名称	考核方式	学分	学时 合计	学时 理论学时	学时 实践学时	第1学年 1	第1学年 2	第2学年 3	第2学年 4	第3学年 5	第3学年 6	第4学年 7	第4学年 8	第5学年 9	第5学年 10	备注
素质选修课由学校统一设置并公布																
设计鉴赏	考查	2	32	32				2								
建筑材料	考查	2	32	32				2								
环境心理学	考查	2	32	32				2								
专业外语	考查	2	32	32				2								
城市地理学	考查	2	32	32					2							
景观设计原理	考查	2	32	32					2							
园林美学	考查	2	32	32					2							
中原城乡历史研究	考查	2	32	24	8					2						
城市设计概论	考查	2	32	24	8					2						
居住区规划原理	考试	2	32	24	8					2						
建筑结构选型	考查	2	32	24	8					2						
滨水景观设计	考查	2	32	32							2					
建筑物理	考查	2	32	32							2					

专业选修课

续表

专业选修课

素质选修课由学校统一设置并公布

考核方式	课程名称	学分	学时			学年、学期、周学时										备注
			合计	理论学时	实践学时	第1学年		第2学年		第3学年		第4学年		第5学年		
						1	2	3	4	5	6	7	8	9	10	
考查	城市遗产保护规划	2	32	32				2								专业方向选修
考查	城市社会学	2	32	32				2								
考查	人居环境概论	2	32	32					2							
考试	区域分析与区域规划	2	32	32						2						
考查	村镇规划	2	32	32						2						
考查	旅游规划	2	32	32							2					
考查	城市经济学	2	32	32								2				
考查	城市地下空间总体规划	2	32	16	16							2				
考查	城市策划与开发	2	32	16	16							2				
考查	空间建模与分析	2	32	16	16								2			
考查	国土空间规划	2	32	16	16								2			
考查	城市信息数字化设计	2	32	16	16								2			
合计	12门	24	384	336	48			4	2	4	2	6	6			

集中实践教学环节

序号	名称	学分	周数	学期	实习地点	实习类别	备注
1	军事训练	1	2	1	校内	集中	武装部组织实施并考核
2	工程训练	1	1	3	校内	集中	工程训练中心组织实施并考核
3	社会实践	1		5			利用假期完成，不少于4周时间，完成不少于1500字调查报告，马克思主义学院组织实施并考核，第5学期记载成绩
4	素质拓展	1		7			利用第二课堂学校指导学生自主实践，学院组织考核，第7学期班导师记载成绩
5	创新创业训练	2		7			利用第二课堂学校指导学生自主实践，学院组织考核，第7学期班导师记载成绩
6	素描实习	2	2	2	省内	集中	
7	空间环境认识实习	2	2	2	省外	集中	
8	计算机辅助设计	1	1	3	校内实习	集中	
9	模型制作	2	2	4			
10	色彩实习	2	2	4	省外	集中	
11	英语能力训练	2	2	4	校内	集中	外国语学院组织实施并考核
12	快速设计	1	1	5	校内实习	集中	
13	城乡总体规划实践	2	2	6	省外实习	集中	
14	城乡认识实习	2	2	7	省外实习	集中	

续表

序号	名称	学分	周数	学期	实习地点	实习类别	备注
15	设计表现	1	1	8	校内实习	分散	
16	规划师业务实习	8	18	9	省内外	分散	
17	毕业实习	2	2	9	校内实习	分散	
18	毕业设计	14	14	10	校内实习	集中	
合计18		47					

注：实习类别：集中实习、分散实习；实习地点：校内实习、校外实习；实践环节的考核方式为考查实践环节可顺安排假期期间实施。

附录 II

坚持以本为本推进四个回归建设中国特色、世界水平的一流本科教育——在新时代全国高等学校本科教育工作会议上的讲话

教育部党组书记、部长　陈宝生

（2018 年 6 月 21 日）

同志们：

　　召开新时代全国高等学校本科教育工作会议，是教育部党组经过认真研究作出的重要决定。改革开放 40 年，教育部召开全国会议专门研究部署高等学校本科教育工作是第一次（1998 年、2004 年教育部召开过两次全国普通高等学校教学工作会。从"本科教学"到"本科教育"虽只有一字之差，反映的是形势发展了、认识深化了、内涵拓展了、地位更高了）。今天，除在座各地各校的负责同志外，31 个省（市、自治区）教育厅（教委）和新疆生产建设兵团教育局，以及全国 1200 多所本科高校的干部教师代表通过视频同步参加这次会议。这是一次深入学习贯彻习近平新时代中国特色社会主义思想、全面部署高校落实立德树人根本任务的大会，是一次全面坚持以本为本，推进四个回归、建设一流本科教育的大会，也是一次全面高扬人才培养主旋律的大会，对我国高等教育今后的发展必将产生重要影响。这次会议上再次征求意见的《关于加快建设高水平本科教育全面提高人才培养能力的意见》（我们称为新时代高教 40 条）是做好高

校人才培养工作的重要"施工图"，干货多、含金量高，请同志们认真研读，多提宝贵意见。刚才，上海市教委、江西省教育厅、北大、清华、川大、天大、东莞理工学院、青海大学的同志分别从不同角度做了发言，做得、讲得都很好，很精彩。下面，我就进一步做好本科教育工作谈三点意见。

一、深刻学习领会习近平新时代中国特色社会主义思想，牢牢把握高等学校的根本任务和根本标准

推动高等教育事业改革发展，必须坚持以习近平新时代中国特色社会主义思想为指导，深入学习贯彻党的十九大精神。以习近平同志为核心的党中央高度重视教育事业，着眼于统筹推进"五位一体"总体布局和协调推进"四个全面"战略布局，对教育工作作出一系列重大决策部署，习近平总书记5月2日在视察北京大学时发表的重要讲话和党的十八大以来关于教育工作的一系列重要讲话，形成了习近平教育思想，这是马克思主义教育思想的新发展，是中国特色社会主义教育思想的新发展，是习近平新时代中国特色社会主义思想的重要组成部分。

这次"5·2"讲话，是党的十九大之后习近平总书记首次专门系统讲高等教育。讲话强调了四个"重大论断"：高等教育是一个国家发展水平和发展潜力的重要标志；党和国家事业发展对高等教育的需要，对科学知识和优秀人才的需要，比以往任何时候都更为迫切；培养社会主义建设者和接班人是各级各类学校的共同使命；走内涵式发展道路是我国高等教育发展的必由之路。这四个"重大论断"，充满了对高等教育的热切期望，表明了总书记对培养社会主义建设者和接班人的最大关切，体现了对扎根中国大地办高等教育、坚定不移走内涵式发展道路的坚定决心。

讲话提出了四个"主要内容"：明确提出教育的"一个根本任务"，就是培养德、智、体、美全面发展的社会主义建设者和接班人。明确提出"两个重要标准"，就是要把立德树人的成效作为检验学校一切工作的根本标准，把师德、师风作为评价教师队伍建设的第一标准。明确提出抓好"三项基础性工作"，就是要坚持办学正确政治方向，建设高素质教师队

伍，形成高水平人才培养体系。在再次强调"四有好老师"殷切期望的基础上，对青年学生明确提出"四点希望"，就是要爱国、励志、求真、力行。这个"一二三四"是一个完整的逻辑体系，进一步深刻回答了培养什么人、怎样培养人的问题，旗帜鲜明地指出了高等学校的根本任务就是培养人，高等学校的根本标准就是立德树人的成效。特别是总书记提出要形成高水平人才培养体系，这是当前和今后一个时期我国高等教育改革发展的核心任务，大家必须深刻理解、准确把握。

我们学习习近平总书记"5·2"讲话，要同 2016 年在全国高校思政会上的讲话、2017 年在中国政法大学考察时的讲话，以及总书记关于教育工作的一系列重要论述，作为一脉相承的有机整体，联系起来学习。我们深切地感受到，总书记对高等教育工作的要求更加明确具体了，既有宏观阐述，又有中观要求；既有思想政治规范，又有全面业务要求；既有思想理念，又有标准方法。总书记始终强调高校人才培养的核心地位，在高校思政会上明确指出，办好我国高校，办出世界一流大学，必须牢牢抓住全面提高人才培养能力这个核心点，并以此来带动高校其他工作。在政法大学考察时，总书记强调要深入研究为谁教、教什么、教给谁、怎样教的问题，不仅要提高学生的知识水平，而且要培养学生的思想道德素养。这些重要论断为我们扎根中国大地办好中国特色社会主义高等教育指明了奋斗方向。先进思想引领伟大事业，面对国家发展、民族复兴的迫切需求，面对时代变革、未来发展带来的巨大挑战，面对知识获取和传授方式的革命性变化，我们必须以习近平新时代中国特色社会主义思想为指导，准确把握高等教育基本规律和发展实际，全面落实高等学校人才培养的根本任务和根本标准，高扬起人才培养的主旋律，全面提升人才培养能力，造就堪当民族复兴大任的时代新人。

二、坚持以本为本，推进四个回归

教育是民生，教育是国计，但首先是教育，必须按教育规律和人才成长规律办事。我们常说百年大计，教育为本。对于高等教育，我们可以讲：高教大计，本科为本；本科不牢，地动山摇。有两个基本点，大家要把握好。

一个基本点是，坚持以本为本。

以本为本是由本科教育的本质属性决定的。本科教育是青年学生成长成才的关键阶段。这一阶段，是学生思想观念、价值取向、精神风貌的成型期，要教育引导他们形成正确的人生观、世界观、价值观，铸就理想信念、锤炼高尚品格，扣好人生的第一粒扣子，打牢成长发展的基础。这一阶段，也是学生知识架构、基础能力的形成期，要教育引导他们夯实知识基础，了解学科前沿，接触社会实际，接受专业训练，练就独立工作能力，成为具有社会责任感、创新精神和实践能力的高级专门人才，为学生成才立业奠定立身之本。

以本为本是由本科教育的地位作用决定的。本科教育在高等教育中体量规模最大。全国 1200 多所本科院校在校生中，本科生与研究生比例是 8：1，毕业生中本科生占比 87%。改革开放以来，我国培养了 6000 多万的本科毕业生，成为各行各业的中坚力量，如果没有这几千万的各级各类高级专门人才，中国特色社会主义事业取得世界瞩目的成绩是不可想象的。因此我们说，本科不牢、地动山摇！本科教育是研究生教育的重要基础。没有优秀的本科毕业生，研究生教育就没有高质量的毛坯和种子，就成了无源之水、无本之木，就无法培养出优秀的高层次人才。改革开放 40 年来，我国培养了 650 万左右的研究生，他们成为社会各行各业的脊梁和领军人物，如果没有本科教育的优质生源基础保障，做到这一点也是不可想象的，本科生培养质量直接影响到我国高层次人才培养质量的高低。因此我们说，人才培养为本、本科教育是根。

以本为本是世界高等教育发展的共识和趋势。近千年的世界现代大学发展史告诉我们，本科教育是高等教育的立命之本、发展之本。从世界高等教育发展趋势看，一流大学普遍将本科教育放在学校发展的重要战略地位，将培养一流本科生作为学校发展的坚定目标和不懈追求。越是顶尖的大学，越是重视本科教育，本科教育被这些大学视为保持卓越的看家本领和成就核心竞争力的制胜法宝。进入 21 世纪，世界各国尤其是发达国家大学把人才培养的本质职能进一步强化和凸显，"回归本科教育"成为世界一流大学共同强劲的行动纲领。

从历史、现实和未来看，人才培养是大学的本质职能，本科教育是大学的根和本。本科教育在高等教育中是具有战略地位的教育、是纲举目张的教育。整个高等教育战线要树立这样的理念：不抓本科教育的高校不是合格的高校、不重视本科教育的校长不是合格的校长、不参与本科教育的教授不是合格的教授。我们一定要把本科教育放在人才培养的核心地位，一定要把本科教育放在教育教学的基础地位，一定要把本科教育放在新时代教育发展的前沿地位。

近年来，各地各高校在人才培养方面做了大量卓有成效的工作，我们提出高等教育要回归常识、回归本分、回归初心、回归梦想，这"四个回归"得到各方面尤其是书记校长的热烈响应，许多地方和高校专门出台了加强本科教育的意见，在提升质量方面有很多新理念、新作为，取得了可喜进展。专业建设成效显著，教育部发布了首个本科专业类教学质量国家标准，各高校修订人才培养方案，着力提升专业内涵和质量。工程教育专业认证取得重大突破、实现国际实质等效，其他专业认证工作也有序全面展开。课程改革亮点频出，推出了一大批线上线下精品课程，课程思政、专业思政、学科思政体系正在形成。教学改革深入推进，慕课建设和创新创业教育改革走在了世界前列，大学生创新创业呈星火燎原之势。高等教育质量保障制度逐步完善，对高校开展了一轮审核评估，完成 200 余所新建本科院校合格评估，质量文化的理念开始深入人心。总的看，教学标准立起来了，制度建起来了，改革动起来了，特色亮起来了，本科教育工作全面企稳向好。2018 年高校师生思想政治状况滚动调查结果显示，大学生对高校教育教学工作的满意度较去年有大幅提升，其中对教师教学水平、育人意识和创新创业教育等方面的满意度提高了 8～10 个百分点。学生对教育教学工作的认同，是对大家辛勤工作的最好回报，是一份让人欣慰、让人振奋的"成绩单"。

同时，我们必须清醒地认识到，目前高等学校人才培养工作已进入提高质量的升级期、变轨超车的机遇期、改革创新的攻坚期。面对新时代新形势新要求，本科教育仍然存在一些带有普遍性的突出问题，应该引起我们高度重视。这些问题可以说是影响高等教育强国建设的突出薄弱环节和重点难点问题。一是理念滞后问题。面对扑面而来、汹涌澎湃的新一轮世界范围的科技革命和产业变革，一些高校仍然因循守旧，办学治校的理念思路跟不上时代的步伐，没有及时应答，模式和方法创新不够，内容更新不及时，滞后于时代变革。我们要有强烈的危机感、紧迫感和使命感，要深刻认识到，有的历史性交汇期可能产生同频共振，有的历史性交汇期也可能擦肩而过，这次历史性机遇抓不住，高等教育就有可能犯战略性失误和错误，人才供给跟不上就可能会迟滞国家发展。二是投入不到位问题。一些学校在本科教育上还存在着领导精力投入不到位、教师精力投入不到位、学生精力投入不到位、资源投入不到位的问题，本科教育仍处在艰难爬坡中。这四个不到位既有硬件方面也有软件方面的问题，但重点还是软件问题，这是我们着力要解决的主要矛盾。三是评价标准和政策机制的导向问题。一些评价指标没有充分体现立德树人的成效，高校人财物方面的一些政策机制还没有聚焦到人才培养上来。必须对症下药，在评价标准上加强引导，在体制机制上持续攻坚，强力疏通这些政策堵点。

另一个基本点是，推进四个回归。

面对这些问题，我们必须推进四个回归，就是要回归大学的本质职能，把"培养人"作为根本任务。高校要调整思路，把人才培养的质量和效果作为检验一切工作的根本标准。教学、科研等都要积极服务于这个中心、这个根本，不能搞成两个或者几个中心；高校的办学目标和各类资源都要主动聚焦到这个中心、这个根本上来；高校的标准和政策都要充分体现到这个中心、这个根本上来。

回归常识，就是学生要刻苦读书学习。学生的第一任务就是读书学习，高校必须围绕学生刻苦读书来办教育，要引导学生读"国情"书、"基层"书、"群众"书，读优秀传统文化经典、马列经典、中外传世经典和专业经典。"腹有诗书气自华"，要通过读书学习，让学生更好地认识世界、了解国情民情，掌握事物发展规律，通晓天下道理，学会理性思考；更好地掌握专业知识，面向实际、深入实践，以知促行、以行求知，脚踏实地、苦干实干。高校要以学生为中心办教育，以学生的学习结果为中心评价教育，以学生学到了什么、学会了什么评判教育的成效，这是最重要的。说到底，回归常识，就是要按照总书记指出的，引导学生求真学问、练真本领，成为有理想、有学问、有才干的实干家，更好地为国为民服务。

这里我要特别强调一下大学生的学业负担问题。大学生的成长成才不是轻轻松松、玩玩游戏就能实现的。有调查分析（中国大学生学习发展研究和全美大学生学习的数据调查和分析），我国大学课堂的挑战性和美国高校相比还是有差距的，高校还存在一些内容陈旧、轻松易过的"水课"，有人说，现在是"玩命的中学、快乐的大学"，这种现象应该扭转。青春是用来奋斗的，对中小学生要有效"减负"，对大学生要合理"增负"，提升大学生的学业挑战度，合理增加课程难度、拓展课程深度、扩大课程的可选择性，激发学生的学习动力和专业志趣，真正把"水课"变成有深度、有难度、有挑战度的"金课"。对大学生既要有激励也要有约束，要改变考试评价方式，严格过程考评，通过鼓励学生选学辅修专业、参加行业考试等，让学生把更多的时间花在读书上，实现更加有效的学习。要严把出口关，改变学生轻轻松松就能毕业的情况，真正把内涵建设、质量提升体现在每一个学生的学习成果上。

回归本分，就是教师要潜心教书育人。教师的天职就是教书育人，教授就得教书授课，离开了教书授课就不是教授。必须明确，高校教师不管名气多大、荣誉多高，老师是第一身份，教书是第一工作，上课是第一责任。要引导教师热爱教学、倾心教学、研究教学。高校教师要做到"德高"，以德立身、以德立学、以德施教；做到"学高"，下苦功夫、求真学问，以扎实学识支撑高水平教学；做到"艺高"，提升教学艺术，善于运用现代信息技术，提升改造学习、改造课堂的能力。说到底，回归本分，就是要按照总书记对教师提出的政治素质过硬、业务能力精湛、育人水平高超、方法技术娴熟的要求，让教师潜心教书育人，更好担当起学生健康成长的指导者和引路人。

这里我要特别强调一下教师评价问题。一些学校在评价教师时，唯学历、唯职称、唯论文，过度强调教师海外经历、国外期刊论文发表数量等，这样的"指挥棒"不利于激发教师教书育人的积极性。要坚持以师德师风作为教师素质评价的第一标准，把教学质量作为教师专业技术职务评聘、绩效考核的重要依据，多维度考评教学规范、课堂教学效果、教学改革研究等教学实绩，在教师专业技术职务晋升中实行本科教学工作考评一票否决制，对教学工作的要求要硬一点，教学工作达不到平均水平，就不能晋升职称，真正将人才培养中心地位落到实处。

回归初心，就是高等学校要倾心培养建设者和接班人。不忘初心，方得始终。高等学校的初心就是培养人才，一要成人，二要成才，也就是要培养德智体美全面发展的社会主义建设者和接班人，高校要用知识体系教、用价值体系育、用创新体系做。要坚持正确政治方向，把马克思主义作为中国特色社会主义大学的"鲜亮底色"，要抓好马克思主义理论教育，深入实施习近平教育思想"五进"行动，培育践行社会主义核心价值观，继续打好提高思政课质量和水平的攻坚战，构建全程全员全方位"三全育人"大格局。要促进专业知识教育与思想政治教育相融合，造就适应时代发展需要的专业素养和过硬本领，全面提高学生的社会责任感、创新精神和实践能力。说到底，回归初心，就是要按照总书记对青年学生提出的爱国、励志、求真、力行的希望和要求，培养又红又专堪当大任的一代新人。

这里我要特别强调一下课程思政、专业思政的问题。2018 年高校师生思想政治状况滚动调查结果显示，对大学生思想言行和成长影响最大的第一因素是专业课教师。加强课程思政、专业思政十分重要，要把它提升到中国特色高等教育制度层面来认识。我们要旗帜鲜明，在持续提升思政课质量的基础上，推动其他各门课都要"守好一段渠、种好责任田"，与思政课同向同行，形成协同效应。高校要明确所有课程的育人要素和责任，推动每一位专业课老师制定开展"课程思政"教学设计，做到课程门门有思政，教师人人讲育人。

回归梦想，就是高等教育要倾力实现教育报国、教育强国梦。教育梦是中国梦的重要组成部分。我们要坚定信心，推动高校办学理念创新、组织创新、管理创新和制度创新，全面提升人才培养能力，努力提升我国高等教育综合实力和国际竞争力，加快建设高等教育强国。历史证明，当国家处于生死存亡的动荡时期，教育不能救国；当国家处于和平建设的发展时期，教育能够兴国；当国家处于伟大复兴的跃升时期，高等教育可以强国。说到底，回归梦想，就是要积极回应总书记对高等教育的殷切期盼，加快建设高等教育强国，有力支撑起中华民族伟大复兴的中国梦。

这里我要特别强调一下各类高校都要争创一流本科教育的问题，一流本科是建设高等教育强国的根基。只有培养出一流人才的高校，才能够成为世界一流大学，在"双一流"建设中要加强一流本科教育。"双一流"建设高校并不一定就有一流本科教育，学科一流并不代表专业一流。高水平人才培养体系包括学科、教学、教材、管理、思想政治工作五个子体系。人才培养体系是上位的，五个子体系是下位的支持支撑，都要服务于人才培养体系，一流大学建设必须聚焦人才培养，建设一流本科教育；一流学科建设必须反哺人才培养，建设一流专业。同时，应用型高校也要加强一流本科教育。建设高等教育强国需要各类人才，我国有一大批应用型高校，要根据办学传统、区位优势、资源条件等，紧跟时代发展，服务地方需求，在应用型人才培养上办出特色、争创一流。

总的来说，四个回归是高等教育根本使命的强基固本，是与世界高等教育发展的同频共振，是我国高等教育改革发展的奋进之笔，必须把四个回归作为我国高等教育改革发展的基本遵循。对照四个回归，高校要广泛开展教育思想大讨论。首先明确应该干什么。要通过大讨论，思想上再认识、观念上再调整、人才培养再定位，明确学校、院系、教师的根本使命是什么，人才培养的目标定位是什么，学生的知识、能力、素质要求是什么。其次明确应该怎么干。要系统考虑如何形成高水平人才培养体系，如何建设高水平的学科专业、教师队伍、课程教材体系和管理制度。我们要广泛凝聚共识、汇聚磅礴合力，聚心聚力到人才培养上，把四个回归的要求真正落实到行动中。

三、写好"奋进之笔"，建设高水平本科教育

建设高等教育强国，首先必须加快建设高水平本科教育，全面提高人才培养能力，这是实现高等教育内涵式发展、建设高等教育强国的前提条件和基本内容。要主动担当、攻坚克难、久久为功，推动重点领域、关键环节改革不断取得突破，努力实现有灵魂的质量提高、有方向的水平提升、有坐标的内涵发展、有特色的双一流建设、有引领的标杆大学，去年，教育部党组对写好"教育奋进之笔"已经做了全面部署，对高等教育

打好提升质量、促进公平、体制机制改革这三大攻坚战提出了明确要求。最近一段时间以来，围绕提高人才培养能力这个核心，我们出台了提升思政教育质量、加强教师队伍建设、专业类教学质量国家标准、规范课堂教学管理等一系列文件，这次会上印发的《关于加快建设高水平本科教育全面提高人才培养能力的意见》和"六卓越一拔尖"计划2.0配套文件，提出了做好本科教育工作的具体举措。各地各高校要高度重视，结合实际把相关文件的要求落到实处。这里，我再强调几点：

第一，内涵发展要更深一些。现在，高等学校的硬件条件有了很大改善，一批高校特别是"双一流"建设高校的硬件水平同世界一流大学比没有太大差别，关键是要在内涵上下大功夫，把握好着力点，建设高水平教学体系。要着力提升专业建设水平。适应新时代对人才培养的新要求，建设面向未来、适应需求、引领发展、理念先进、保障有力的一流专业，调整优化专业结构，用好增量，建好新专业；盘活存量，升级优化原有专业。专业建设好了，人才培养的"四梁八柱"就立起来了。要着力推进课程内容更新。及时调整专业人才培养方案，构建思想政治教育与专业教育有机融合的课程体系，建设综合性、问题导向、学科交叉的新型课程群，将学科研究新进展、实践发展新经验、社会需求新变化及时纳入教材，不能再用过时的知识培养明天的毕业生。要着力推动课堂革命。我们要改革传统的教与学形态，高校教师要把育人水平高超、现代技术方法娴熟作为自我素质要求的一把标尺，广泛开展探究式、个性化、参与式教学，推广翻转课堂、混合式教学等新型教学模式，把沉默单向的课堂变成碰撞思想、启迪智慧的互动场所，让学生主动地"坐到前排来、把头抬起来、提出问题来"。要着力建好质量文化。大学要自觉地建立学生中心、产出导向、持续改进的自省、自律、自查、自纠的质量文化。要将质量标准落实到教育教学各环节，唤起每个主体的质量意识、质量责任，将质量要求内化为大学的共同价值和自觉行为，逐步形成以学校为主体，教育行政部门为主导，行业部门、学术组织和社会机构共同参与的中国特色、世界水平的质量保障制度体系。

第二，领跑发展要更快一些。新一轮科技革命与产业变革正在引发世界格局的深刻调整，重塑国家竞争力在全球的位置，重构人们的生活、学习和思维方式。要把握好战略机遇，适应新技术、新产业、新业态、新模式对新时代人才培养的新要求，在一些领域大胆改革、加快发展，形成领跑示范效应，取得全局性改革成果。要加强新工科建设。工程科技是推动人类进步的发动机，是产业革命、经济发展、社会进步的有力杠杆。关键核心技术是要不来的、买不来的、讨不来的。要加快培养适应和引领新一轮科技革命和产业变革的卓越工程科技人才，发展新兴工科专业、改造升级传统工科专业，前瞻布局未来战略必争领域人才培养，提升国家硬实力。要加强医学教育创新发展。人民健康是民族昌盛和国家富强的重要标志。医学教育要树立大健康理念，加快培养具有仁心仁术的卓越医学人才，实现从治疗为主到生命全周期、健康全过程的全覆盖。要大力推进医学与理工文等学科交叉融合，为精准医学、转化医学、智能医学等新兴医学发展提供人才支撑，深入推进医教协同，由教育部与卫健委和有关地方政府共建一批高水平医学院和附属医院，服务健康中国建设。要加强农林教育创新发展。青山就是美丽，蓝天就是幸福，山水林田湖草都是人类命运共同体。高等农林教育要肩负起服务乡村振兴发展和生态文明建设的重大历史使命，用现代生物技术、信息技术、工程技术等现代科学技术改造现有涉农专业。适应现代农业新产业新业态发展，加快布局涉农新专业，助力打造天蓝水净、食品安全、生活恬静的美丽中国。要加强文科教育创新发展。要不断深化马克思主义学习和研究，充分发挥马克思主义在文科教育中的领航和指导作用，培育新时代中国特色、中国风格、中国气派的哲学社会科学，培养新时代的哲学社会科学家，形成哲学社会科学的中国学派。加快德法兼修的法治人才培养，加快全媒化复合型新闻传播人才培养，加强文、史、哲、经济学创新人才培养。要加强创新创业教育。持续深化创新创业教育改革，推动创新创业教育与专业教育紧密结合，全方位深层次融入人才培养全过程，造就源源不断、敢闯会创的青春力量。创新人才培养，要推进科教融合，让学生尽早参与和融入科研，早进课题、早进实验室、早进团队，加大各级科研基地向本科生开放力度，提高学生科研实践能力和创新创业能力。要努力建设一批新时代中国特色社会主义标杆大学，成为政治标杆、办学标杆、育人标杆、队伍标杆，发挥好排头兵、领头雁的作用，把中国特色社会主义道路自信、理论自信、制度自信、文化自信转化为办好中国特色世界一流大学的自信。特别是要把立德树人作为根本标准，树立一批这样的标杆，让广大高校学有榜样、赶有目标。"双一流"建设高校要争当立德树人的标杆，在人才培养方面走在前列、干出成效、做好示范。

第三，公平发展要更实一些。近年来，国家采取了一系列促进教育公平的政策措施，推进了高等教育区域协调发展，但发展仍然不平衡，必须在更大范国、更高层次、更深程度上继续推进。当前的重点是要补齐区域短板，深刻认识中西部地区高等教育对整个国家发展布局的战略意义，实施"中西部高等教育振兴计划升级版"，统筹谋划中西部高校综合实力提升工程、中西部高校基础能力建设工程、"双一流"建设、"部省合建"、省部共建、对口支援西部高校计划等工作，形成合力，助力中西部地区加快现代化进程。充分发挥高等教育集群发展的"集聚—溢出效应"，以成都、西安、兰州和重庆、成都、西安这两个西三角为战略支点，以区域经济社会发展为目标导向，以区域内高水平大学为发展龙头，引领带动推进西北地区和西南高等教育集群整体发展，真正让中西部高等教育产生"自我造血能力"。中西部高校也要眼睛向内，练好内功，激发内在动力、发挥区域优势、办出特色办出水平，要有"栽好梧桐树，引得凤凰来"的自信和吸引力。

第四，变轨超车要更坚定一点。"互联网+"催生了一种新的教育生产力，打破了传统教育的时空界限和学校围墙，引发了教育教学模式的革命性变化。"互联网+教育"正在成为世界各国争夺下一轮高等教育改革发展主导权、话语权的重要阵地和焦点领域，在这方面我国与世界高等教育强国在起步阶段就站在同一条起跑线上。只要我们积极主动作为，就能赢得未来，这一点要坚定信心（我国已建成 10 多个慕课共享平台，上线慕课5000 多门，超过 7000 万人次大学生和社会学习者选学）。要持续保持中国慕课的国际先进水平，制定慕课标准体系、打造更多精品慕课。要推动优质资源开放共享。加大慕课平台开放力度，建立慕课学分认定制度，推动教师用好慕课和各种数字化资源，着力破解区域之间、校际之间优质教学资源不平衡的突出问题。尤其是要大力推动慕课在中西部高校的推广使用，让中西部高校学生在当地就能享受到名师、名课，迅速大幅提升中西部高校教学水平。要重塑教育教学形态。高校要将现代信息技术深度融入教育教学，打造智慧学习环境，探索实施智能化的精准教育，提升教学效果，培养学生智能时代核心竞争力。我们要紧紧抓住信息技术变革带来的历史性机遇，加快提高我国高校人才培养的整体水平，推动实现高等教育质量的"变轨超车"。

第五，创新发展要更紧追一些。总书记在不久前召开的两院院士大会上指出：创新决胜未来，改革关乎国运。对于高等教育发展来讲，改革是第一动力，创新是第一引擎，要成就伟大的教育，教育创新就一刻也不能停顿。新中国成立以来，中国高等教育在近七十年的发展历程中，也经历了三次比较大的发展阶段，第一个阶段是 20 世纪 50 年代高等教育的院系调整，初步建立起我国社会主义高等教育制度体系。第二个阶段是改革开放以来，我国高等教育不断学习、改革开放、跨越式发展，建成了高等教育大国，形成了比较完备的人才培养体系（1978~2017 年，高等教育在校生规模从 86.7 万增至 3779 万，40 年增长了 43 倍）。第三个阶段就是进入新时代，我们全面开启了建设高等教育强国新征程，这是一个从学习跟随到开拓创新的历史发展新阶段。

当前，我国高等教育改革发展已经进入深水区，某些领域也开始进入无人区，没有现成的经验可以模仿复制，需要有旱路不通走水路、水路不通走山路、山路不通开新路的敢为天下先的勇气，不断推动高等教育的思想创新、理念创新、方法技术创新和模式创新。中国要强盛、要复兴，要成为世界主要科学中心和创新高地，首先必须成为世界主要高等教育中心和创新人才培养高地。在这样的历史进程中，我们的教育创新要更坚定一点，要更自信地在世界舞台、国际坐标和全球格局中去谋划发展，参与竞争和治理，创建中国理念、中国标准、中国方法和中国模式，建设世界高等教育新高地。同时，我们也必须清醒地认识到，世界发达国家高等教育创新的脚步也从未停止，都在奋力奔跑、极速前进，如果我们仍然四平八稳、按部就班、循规蹈矩，不仅无法实现超越，还有可能进一步拉大我们的差距。我们要想在新一轮快节奏、高频率、大变革的全球竞争中抢占制高点，就必须有强烈的危机感、紧迫感和使命感，以更大的勇气、更大的魄力、更大的智慧探索高等教育的新理念、新标准、新技术、新模式、新文化，推动高等教育创新发展。

　　建设高等教育强国，办好一流本科教育，需要各方面共同努力。各级教育部门要紧紧围绕人才培养这个根本任务，发挥好"战略指挥部"的职能，加强综合协调、政策引导，汇聚各方力量，努力成为人才培养的服务中心、思想中心、组织中心和指挥中心。高校的各级领导干部，要发挥好"一线指挥员"的担当和权责，把人才培养的中心地位和本科教育的基础地位，从嘴上落到脚下，带头抓、带头干、带头改。广大教师要发挥好"战斗员"的关键作用，投入足够的精力、投入足够的时间，潜心教书育人、花大力气下大功夫培养好德才兼备的时代新人。同时，也恳请相关部门和社会各界，积极担当人才培养的"智囊团"和"补给站"，汇聚起提高人才培养水平的磅礴力量。让我们以习近平新时代中国特色社会主义思想为指导，牢固树立"四个意识"，始终坚定"四个自信"，努力提高人才培养能力，加快建设一流本科教育，为实现高等教育强国奋斗目标，为实现中华民族伟大复兴的中国梦做出新的更大贡献！

附录Ⅲ

关于加快建设高水平本科教育情况介绍

教育部高等教育司司长　吴岩

感谢各位新闻媒体的朋友报道本次新时代全国高等学校本科教育工作会议。这次会议是改革开放 40 年来召开的第一次全国高等学校本科教育工作会议，教育部直属 75 所高校、部省合建 14 所高校，地方 60 所高校的大校长或大书记，31 个省市区教育厅（教委）和新疆生产建设兵团教育局的主要负责同志和分管负责人，中央 11 个部委和单位教育司局有关负责人，教育部 20 个司局和直属单位负责人参加会议。教育部副部长林蕙青同志主持会议，教育部党组书记、部长陈宝生同志作了"坚持以本为本，推进四个回归，建设中国特色、世界水平的一流本科教育"的讲话。这是一次高等教育的盛会，吹响了建设高水平本科教育的集结号，做出了全面提高人才培养能力的总动员，开启了高水平人才培养体系建设的新征程。这是一次全面学习贯彻习近平新时代中国特色社会主义思想的大会，是一次全面部署高校立德树人根本任务的大会，是一次全面坚持"以本为本"、推进"四个回归"、建设一流本科教育的大会，是一次全面高扬人才培养主旋律的大会，在高等教育改革发展历程中具有里程碑意义，必将产生重要而深远的影响。下面，我就贯彻落实会议和宝生同志讲话精神，加快建设高水平本科教育，拟推出的重要思路和举措向大家做个介绍。概括起来有"三个一"：一是一个重要讲话，也就是宝生同志在会议上的重要讲话，这是我们加强本科教育的基本遵循；二是一个重要意见，就是这次上会征求意见的"新时代高等教育40条"，这是建设高水平本科教育的顶层设计；三是一组重要计划，也就是"六卓越一拔尖2.0"，这是卓越拔尖人才培养的施工方案。

宝生同志强调，本科教育是具有战略地位的教育、是纲举目张的教育。要在全战线树立这样的理念：不抓本科教育的高校是不合格的高校、不重视本科教育的校长是不合格的校长、不参与本科教学的教授是不合格的教授。一定要把本科教育放在人才培养体系的核心地位、一定要把本科教育放在教育教学的基础地位、一定要把本科教育放在新时代教育发展的前沿地位。他着重阐述了"回归常识、回归本分、回归初心、回归梦想"的核心内涵。这"四个回归"是宝生同志2016年10月在武汉高等学校工作座谈会上首次提出的。"四个回归"提出以来，各地各高校认真贯彻落实，高校办学更加聚焦人才培养，立德树人取得显著成效。

6月13日，教育部党组原则审议通过了《关于加快建设高水平本科教育全面提高人才培养能力的意见》以及7个相关文件。根据部党组的要求，这几个文件在会上进一步征求了意见建议，将会尽快下发。

下一步，教育部将围绕加快建设高水平本科教育推出系列举措，概括起来就是"八个一"：

第一，落实一个根本任务。习近平总书记5月2日在北京大学师生座谈会上的讲话中强调，高等教育的根本任务，就是培养德智体美全面发展的社会主义建设者和接班人。总书记在一篇讲话中，先后10次强调了这个根本任务。加快建设高水平本科教育，必须以习近平新时代中国特色社会主义思想为指导，全面贯彻落实党的十九大精神，全面贯彻党的教育方针，坚持教育为人民服务、为中国共产党治国理政服务、为巩固和发展中国特色社会主义制度服务、为改革开放和社会主义现代化建设服务，全面落实立德树人根本任务，准确把握高等教育基本规律和人才成长规律，以"回归常识、回归本分、回归初心、回归梦想"为基本遵循，激励学生刻苦读书学习，引导教师潜心教书育人，努力培养德智体美全面发展的社会主义建设者和接班人。

第二，坚持一个根本标准。总书记强调，要把立德树人的成效作为检验学校一切工作的根本标准。他指出，各门课程都有育人功能，都要守好一段渠，种好责任田。高校教师的80%是专业教师，课程的80%是专业课程，学生学习时间的80%用于专业学习，要强化"课程思政""专业思政"，建立课程、专业、学科"三位一体"思政教学体系，把思想政治教育有机融入每门课程。我们将建设一批育人效果显著的精品专业课程，打造一批课程思政示范课堂，选树一批课程思政优秀教师，推动形成专业课教学与思政课教学紧密结合、同向同行的育人格局。

第三，突出一个基础地位。本科教育在人才培养体系中占据基础地位，高等学校要坚持以本为本。这主要源于本科教育的两个极端重要作用。一是眼睛向外看。全国高等本科院校在校生、毕业生中，本科生与研究生比例是8∶1，大学为社会提供的毕业生中87%是本科生，2017年本科毕业生接近400万人，本科生培养质量的高低直接影响着高等教育整体质量。因此我们说，本科不牢，地动山摇。二是眼睛向上看。没有优秀的本科生培养质量，研究生教育就没有高质量的毛坯和种子，就成了无源之水、无本之木，就无法保证培养出优秀的高层次人才，本科生培养质量直接影响到我国高层次人才培养质量的高低。因此我们说，人才培养为本，本科教育是根。

总体上看，近年来我国高等教育坚持以人才培养为中心，本科教育取得可喜成绩，专业建设成效显著，课程改革亮点频出，教学改革深入推进，高等教育质量保障制度更加完善，可以说，教学标准立起来了、制度建起来了、改革动起来了、特色亮起来了。但是，也有人说，现在中小学生要"减负"，大学生要"增负"，我们要针对部分学生学习动力不足、潜能挖掘不够的问题，进一步深化教学管理改革，激发学生的学习兴趣和发展潜能。要进一步完善学分制，探索实行荣誉学位，推进辅修专业制度改革。加强学习过程管理，严格过程考核，改革考试形式，引导学生把更多的精力投放在学本领、长才干上。同时，我们还要鼓励符合条件的学生参加职业资格考试，增强创业就业能力。

第四，强化一个基本抓手。专业是人才培养的基本单元和基础平台，是建设一流本科、培养一流人才的"四梁八柱"。各高校要把建设一流专业作为加快推进一流大学和一流学科建设、实现内涵式发展的重要基础和根本抓手，切实使一流专业建设立起来、响起来、热起来。要建立健全专业动态调整机制，对标国家发展战略和经济社会发展需求，主动布局集成电路、人工智能、养老护理、儿科等战略性新兴产业发展和民生急需相关学科专业，做好存量升级、增量优化、余量消减，切实优化学科专业结构。下一步，教育部将以建设面向未来、适应需求、引领发展、理念先进、保障有力的一流专业为目标，实施一流专业建设"双万计划"，即建设1万个国家级一流专业点和1万个省级一流专业点。"双一流"建设高校要率先建成一流专业，应用型本科高校要结合办学特色努力建设一流专业。

第五，打造一支育人队伍。百年大计，教育为本；教育大计，教师为本。总书记强调，人才培养，关键在教师，教师队伍素质直接决定着大学办学能力和水平。要坚持把师德师风作为教师素质评价的第一标准，健全师德考核制度，推动师德建设常态化长效化，引导广大教师教书育人和自我修养相结合，做到以德立身、以德立学、以德施教。要加强高校教师教学发展中心建设，全面开展教师教学能力提升培训。大力推动院士、"千人""万人"计划专家、"长江学者"、杰出青年等高层次人才走上本科教学一线，完善教授给本科生上课制度，实现教授全员给本科生上课。加大对教学业绩突出教师的奖励力度，对主要从事教学工作人员，要提高基础性绩效工资额度。同时，要加强教育教学业绩考核，在教师专业技术职务晋升中施行本科教学工作考评一票否决制。

第六，完善一套协同机制。学生的实践教育一直是我们的突出短板，解决这一问题，关键靠协同。要坚持国际国内相结合、产学研相结合、校内校外相结合，推进高校与实务部门、科研院所、行业企业合作办学、合作育人、合作就业、合作发展。建立完善培养目标协同、教师队伍协同、资源共享协同、管理机制协同的全流程协同育人机制。加强理论教学与实践相结合，加强实践平台建设。实施"六卓越一拔尖"计划2.0，深化重点领域改革。

第七，下好一步"先手棋"。教育改变人生，网络改变教育。持续推进现代信息技术与教育教学深度融合，是抢抓新一轮世界科技革命和产业变革机遇的"先手棋"，是实现高等教育发展由"跟跑""并跑"到"领跑"的"加速器"。加快建设多元协同、形式多样、应用广泛、服务及时的高等教育云平台，打造适应学生自主学习、自主管理、自主服务需求的智慧课堂、智慧实验室、智慧校园，大力推动互联网、大数据、人工智能、虚拟现实等现代技术在教学和管理中的应用。规划建设 3000 门国家精品在线开放课程，建设 1000 项左右国家虚拟仿真实验教学项目。推动实施一流课程建设"双万计划"，即建设 1 万门国家级和 1 万门省级一流线上线下精品课程，建立慕课学分认定制度，推动优质资源开放共享。将优质教学资源引入中西部地区，提升高校教学水平，促进教育公平。

第八，培育一流质量文化。文化是国家和民族的灵魂。质量文化是推动大学不断前行、不断超越的最深沉、最持久的内生动力。提高人才培养质量，建设高等教育强国，必须建立大学质量文化，将质量要求内化为全校师生的共同价值追求和自觉行为。要把人才培养水平和质量作为一流大学建设的首要指标，落实本科专业教学质量国家标准，规范本科教学工作审核评估和合格评估，开展保合格、上水平、追卓越的三级专业认证等举措。

致　谢

　　岁月如歌，光阴似箭，转眼已经在华北水利水电大学工作十多年。教书育人，德高为师，在这个过程中笔者得到了快速成长，还有幸同一群热爱工作、乐于奉献、有志于教书育人的同事一起工作学习。本书主要讨论了笔者在高等学校城乡规划教育的改革等方面的思考。然搁笔之时，仍遗憾颇多。主要是针对高等学校城乡规划对比分析不够深入，没有具体到这些措施的具体时间和如何挖掘潜力。这些不足待笔者的理论水平和实践经验进一步丰富和完善后，或有望解决。

　　本书是笔者近十年来参与高等学校城乡规划教育的思考和实践研究的成果。在此感谢华北水利水电大学各位可爱可敬的同仁，感谢"模型分析及大数据技术在规划教学中的应用""基于'专业评估'导向下的城乡规划特色专业建设研究""基于虚拟现实空间体验的设计课程教学改革中原实践基地"以及教育部高等教育司"基于 MARS 平台虚拟空间体验的'住区规划设计'课程教学改革研究"课题组成员资料和基础数据的分享，对各位同行的支持与指导深表感谢；本书也得到城乡规划专业学生调研和资料整理的大力支持，在此一并表示感谢。

　　最后，尤其要感谢我的家人，他们对我的信任、支持及生活方面的关心是我本书得以完成的重要动力。在本书写作期间，父母给了我很多的鼓励和包容，教会我诸事不易，只有持之以恒才能有所收获，而他们永远是我最坚强的后盾。

　　漫漫人生路，我会一直记得这些帮助过我的人们，我将心存感恩，一路前行。

感谢家人和朋友给予的鼎力支持！有了家人的大力支持，我才有时间完成本书的撰写。

吴怀静
2019 年 4 月